青少年气象科普知识漫谈

Qingshaonian Qixiang Kepu Zhishi Mantan

《气象知识》编辑部 编

生活中的气象奥秘

Shenghuo Zhong de Qixiang Aomi

气象出版社
China Meteorological Press

图书在版编目（CIP）数据

生活中的气象奥秘/《气象知识》编辑部编. —北京：
气象出版社，2012.12（2019.3重印）
（青少年气象科普知识漫谈）
ISBN 978-7-5029-5594-6

Ⅰ. ①生… Ⅱ. ①气… Ⅲ. ①气象学-青年读物
②气象学-少年读物 Ⅳ. ①P4-49

中国版本图书馆 CIP 数据核字（2012）第 237161 号

出版发行：	气象出版社
地　　址：	北京市海淀区中关村南大街 46 号
邮政编码：	100081
网　　址：	http://www.qxcbs.com
E-mail：	qxcbs@cma.gov.cn
电　　话：	010-68407112（总编室）　010-68408042（发行部）
责任编辑：	姚　棣　胡育峰
终　　审：	章澄昌
封面设计：	符　赋
责任技编：	吴庭芳
印　　刷：	三河市百盛印装有限公司
开　　本：	710 mm × 1000 mm　1/16
印　　张：	9
字　　数：	109 千字
版　　次：	2013 年 1 月第 1 版
印　　次：	2019 年 3 月第 7 次印刷
定　　价：	16.00 元

本书如存在文字不清、漏印以及缺页、倒页、脱页等，请与本社发行部联系调换

目 录

气象与人身

国外三大长寿乡寻秘 …………………………… 仲　舒（2）

衣食住行减碳面面观 …………………………… 寇　鑫（6）

环境条件决雌雄 ………………………………… 李瑞生（13）

苏杭缘何多美女 ………………………………… 骆月珍（15）

"高考提前"的科学依据是什么 ………………… 李庆祥（20）

感觉温度与实际气温 …………………………… 朱瑞兆（24）

冬病夏治气象谈 ………………………………… 袁长焕（27）

气象与饮食

四季膳食巧调配 ………………………………… 顾维明（32）

看天吃饭益健康 ………………………………… 霍寿喜（35）
湖南人为何爱吃辣椒 ……………………………… 戈忠恕（38）
豆腐坊里学问多 …………………………………… 张玉华（42）
气候因素决定饮食文化 …………………………… 叶岱夫（44）
飞机起降时为啥要请旅客吃糖 …………………… 文　青（47）

气象与衣着

四季八段话服色 …………………………………… 程祥清（50）
特殊气候区的穿衣着鞋 …………………………… 谭　文（54）
多情的帽子 ………………………………………… 刘兆华（58）

气象与居住

气象为城市定制宜居环境 ………………………… 余晓芬（62）
气象与建筑 ……………………………… 刘爱科　徐航航（69）
气象因素与防范流行疾病的城市建筑设计 ……… 叶岱夫（76）
给孩子一个良好的居室环境 ……………………… 袁长焕（80）
封阳台的利与弊 …………………………………… 林之光（82）
大门朝南好处多 …………………………………… 揭正中（86）

居室与日照 …………………………………… 孙化南（89）

居室温度宜多变 ……………………………… 霍寿喜（95）

气象与出行

四季垂钓经验谈 ……………………………… 胡启山（98）

在旅途的列车上你会保养自己吗 …………… 袁长焕（100）

眼睛·寒冷·流泪 …………………………… 霍寿喜（103）

气象与摄影

怎样拍摄雾凇和雨凇 ………………………… 苏　茂（106）

怎样拍摄云海 ………………………………… 苏　茂（111）

怎样拍摄雨景 ………………………………… 苏　茂（115）

怎样拍摄霞景 ………………………………… 苏　茂（118）

黄山气候与摄影 ……………………………… 黄高平（122）

冬季美景巧入镜 ……………………………… 童　翎（127）

其他应用

电脑也知冷暖 ……………………………………… 霍寿喜（132）

保护书籍字画的气象学问 …………………………… 杨华安（134）

巧用天时防毒剂——敌人在哪些气象条件下

    可能使用毒剂 ………………………………… 张庆安（136）

气象与人身

国外三大长寿乡寻秘

◎ 仲 舒

国际自然医学会曾经宣布,巴基斯坦的罕萨、前苏联的洲罗、厄瓜多尔的毕路卡邦巴以及中国的新疆南疆和广西的巴马为世界五大长寿之乡。中国的两个世界级长寿之乡,大家都比较熟悉,而对国外的三大长寿之乡就不那么清楚了,现作简要介绍,并分析长寿的奥秘。

世外桃源——罕萨 罕萨在巴基斯坦东部的崇山峻岭中,古代中国通往中亚的丝绸之路曾从该村中经过。这里终年被白雪皑皑的

金色年华

高山环绕，日光充足，空气新鲜，白云、蓝天、绿树交相辉映。在地图上却难以找到它的名字，当地人与外人很少来往，犹如"世外桃源"。

该村2万人中90岁以上的有数百人，100岁以上的有40多人。村里最高仲裁机构是长老会，村民都遵循古老的传统道德，暴力犯罪事件几乎绝迹。在村里狭窄的街道上，许多衣着整洁的百岁老人，围坐在一起谈天说地，喜笑颜开。

现在村里最受人爱戴的老人是阿里哈德，他又高又瘦，今年已有118岁，可是他看起来只有七八十岁的样子。他的外号叫"淘气"，留着一撮小胡子，把白头发染成茶褐色，每天都到田里劳动一会儿，显示自己身体健壮。年轻人、小孩子一见到他，就把他围起来，请他讲故事。他总是把后生们逗得哈哈大笑。另一位107岁还娶妻生子的新郎也是个十足的乐天派，他常开玩笑说，他唯一的忧虑是怕不到30岁的第七任妻子与他不能到头，害得他再娶第八任夫人。

山中乐土——洲罗 洲罗村坐落在前苏联高加索山地的一片山间谷地，海拔250米，气候温和，雨量充沛，这里盛产茶叶和水果。一到秋天，又红又大的苹果，黄澄澄的梨，紫红晶莹的葡萄挂满枝头。这时处处可以看到八九十岁、百岁以上的老人和青壮年一道忙碌地收获庄稼和水果，村旁有百龄妇人在逗着自己的曾孙，还有一位120岁的老妇照看自己孙子的孙子。有个名叫修瓦尔涅的老人，已经108岁了，他很受人尊敬。当他60多岁时，曾参加了卫国战争，获得过勋章。如今仍是村里的种茶能手，他在田里干农活，整整劳动了一个世纪。现在劳动已成为他的一种积极的休息方式，不干活他就觉得浑身不舒服。

神圣之谷——毕路卡邦巴 毕路卡邦巴，意思是"神圣之谷"。这个村在南美厄瓜多尔东南部与秘鲁交界的安第斯山中。这里盛产玉

米、甘蔗、蔬菜、香蕉等作物,村民过着自给自足与世无争的悠闲日子。

村里生长着一种树干高大、枝叶茂盛、高低疏密有致的维尔柯树,当地人说它是长寿"神木"。这种树光合作用特别强,能制造出更多的氧气,使山村空气终年保持新鲜。村前有条小河,流淌着从山中流来的清澈透明的泉水,村民称它是"生命之水"。经化验,水中含有丰富的矿物质和一些对人体有益的微量元素。饮用它能促进消化,增加食欲;用它洗浴,可治疗关节炎、神经痛、皮肤病。

村里长寿的老人中,有位135岁的霍西,他年过80才和一位18岁的姑娘玛丽娅结婚,这位当年的新娘,如今也已年近古稀,膝下已是儿孙满堂。他们最小的一个孩子是在霍西100岁之后出生的,如今已是20多岁的棒小伙子了。

长寿寻秘 世界这三大长寿之乡的村民都住在环境清静、气候宜人的山区村落中。山区是一个还没有被人们完全认识的神秘世界。有关资料表明:山区气温变化小,冷暖适中,云雨多,利于避暑;林木葱茏、空气清新;气压低,可增强人体呼吸功能;阳光充足,紫外线强,可为空气消毒杀菌,且为人们提供天然维生素D;尤其是山地多瀑布、喷泉、雷雨和闪电,使空气"电离",而形成有"长寿素"之称的负氧离子等。特别是这些寿星大多不居住在山上,而是聚居于山下那些山间的洼地,从洼地到山顶,往往有200~300米之高程差。大部分村民,从小到老就同这些山洼相伴。开门就见山,出门就爬坡,日出而作,日落而归,入夜而宿。在这些地方,除了鸡犬鸟鸣之声相闻,听不到高音喇叭的嚎叫、机器车辆的轰鸣,既没有城市喧闹嘈杂的噪声污染,更没有现代工业的污染和"文明社会"的种种公害与弊病。人们淡泊利欲,无甚奢望苛求,与世无争。这种"世外桃源"式的生态环境,和谐的人际关系,有劳有逸的生活节奏,岂不促进身心健康、长寿？

此外，他们的食物并不精美，大都是新鲜的植物性食品，很少食用动物脂肪，盐、糖用量很低，更没有人工食用添加剂，热量也不高，利于人体消化吸收。科学家们认为，这些加工工序少的食物，是他们长寿的又一重要原因。水是人体的重要组成部分，长寿乡的人饮用水全是山上的泉水和天然地下水，水质常年清新，无污染，冬暖夏凉，有益于人体健康。

一生不离田野，勤勉劳作是长寿的另一个原因。在罕萨，108岁的老人挥汗锄禾，105岁的老人担着担子上坡；在洲罗，105岁的采茶能手领头唱歌，挥锄割草；在毕路卡邦巴，118岁的老人在筑田堤，125岁的老妇还能砍甘蔗。由此可见，坚持劳作是一条长寿之道，而养尊处优实不可取。

社会、家庭尊敬老人，老人为长寿自乐，是使人长寿的重要心理因素。洲罗有老人俱乐部；罕萨"淘气"老人，深受村民尊敬；毕路卡邦巴人们以长寿为荣。据调查，那些百岁老人家庭和睦，数辈同堂和谐相处，子孙们尊敬自己的长辈，也希望自己像长辈那样长寿。这就使老人们心胸开朗，性情温和，遇事乐观，生活满足充实，健康长寿。

（原载《气象知识》1997年第2期）

衣食住行减碳面面观

◎ 寇 鑫

作为一种全新的生活方式、一个全新的概念——低碳生活，正在被广泛传播着，它就是指生活作息时所耗用的能量要减少，利用各种方法降低碳、特别是二氧化碳的排放。从倡导环保到减少碳排放量，"低碳"生活方式正受到越来越多人的追捧。它的出现不仅告诉人们，你可以为减碳做些什么，还可以告诉人们，你可以怎么做。

其实，在日常生活的衣、食、住、行中，就有很多以前被我们忽略的地方也可以做到减少碳排放量。

穿衣篇：痴迷皮草不过是一种反祖冲动

你家里的衣橱是不是挂满了琳琅满目的衣服？你可知少买几件衣服也能为减碳作出贡献？事实上，一件普通的衣服从原料到成衣再到最终被废弃，都在排放二氧化碳，在生产、加工和运输过程中，还要消耗大量能源。以一件纯棉T恤为例，从棉花种植过程，到成衣的制作环节，再到销售终端，以及被消费者买回家后经过多次洗涤、烘干、熨烫（以25次计），整个过程将会排放7千克左右的二氧化碳，也就是说，终其一生，这个200多克的纯棉T恤，将排放出接近其自身重量的30倍左右的二氧化碳。

再比如，皮革加工使用了包括甲醛、煤焦油、染料和氰化物在内的有毒物质。除此之外，皮革的生产过程中消耗大量的水和能源，经过鞣制后不能被生物降解，对环境也有极大的危害；而化纤面料的衣服，碳排放会更高。化纤类服装是利用石油等原料人工合成的，其生产过程需要耗费大量的能源和水，并且产生污染物。相比之下，棉、麻等天然织物不像化纤那样由石油等原料人工合成，因此，消耗的能源和产生的污染物要相对较少。实际上，大麻纤维制成的布料比棉布更环保。墨尔本大学的研究表明，大麻布料对生态的影响比棉布少50%。用竹纤维和亚麻做的布料也比棉布在生产过程中更节省水和农药。

在保证生活需要的前提下，每人每年少买一件不必要的衣服可节约2.5千克标准煤，相应减排二氧化碳6.4千克。如果全国每年有2500万人做到这一点，就可以节约6.25万吨标准煤，减排二氧化碳16万吨。因此，需要减少买新衣服的数量；在选购衣服时，最好选择白色、浅色、无印花、小图案等较少使用各种化学添加剂处理的衣服；而且，棉质衣服比化纤衣服排碳量少，多穿棉质、亚麻和丝绸衣服也是低碳生活的一部分，而且更加优雅、耐穿；当衣服被淘汰时，最好选择旧衣翻新或者动手改造旧衣，既实现了环保，又为生活增添了情趣。由此可见：低碳着装，才是环保新时尚。

饮食篇：过量肉食至少伤害三个对象——动物，你自己和地球

大多数人每天都在吃肉，但是很少有人知道，如果一个人每天都吃肉，那么每年造成的碳排放量相当于驾驶一辆中型车行驶4758千米，约

为吃素者的 2 倍。在肉类中,牛肉是肉类食品的排碳冠军,生产 1 千克牛肉排放 36.5 千克二氧化碳,而果蔬所排放的二氧化碳量仅为该数值的 1/9,因此,当我们将手中的刀叉伸向美味的肉食时,一定要慎重下刀。

其次,日常生活中浪费粮食的现象常常出现,而如果少浪费 0.5 千克粮食(以水稻为例),可节能约 0.18 千克标准煤,相应减排二氧化碳 0.47 千克。如果全国平均每人每年减少粮食浪费 1 千克,每年可节约 48 万吨标准煤,减排二氧化碳 122 万吨。所以,吃饭"打包"不再是小气的象征,而是为了减排作贡献。

此外,低碳饮食还包括适量喝酒。在夏季的 3 个月里平均每月少喝 1 瓶啤酒,1 人 1 年可节能约 0.23 千克标准煤,相应减排二氧化碳 0.6 千克。从全国范围来看,每年可节能约 29.7 万吨标准煤,减排二氧化碳 78 万吨。而且,这样还可以降低冰箱的使用率,从而达到节能减排的功效。

因此,多吃素、少喝酒,既环保又养身,可谓是一举两得。

装修篇:豪宅精装完全是浪费的表现

为了节约口袋里的"money",也为了保护环境,请选择适合自己的户型,不要过度装修。有时不一定作太多结构改造,转而利用一些家具和饰品也可以表现出风格和情趣。比如不用砸掉一面墙改成一扇透明玻璃窗,以此增加房间的通透感,通过灯光设计等也可以改善视觉上的拥堵感;对目前家装中比较常见的造型背景墙,一些可改可不改、锦上添花的设计最好不要或者简化;不论是石膏板、饰面板,还是瓷砖、大理石,制造这些造型所用的材料在生产过程中都要释放碳。减少这些装修材料的使用,以悬挂壁画或照片、DIY 涂鸦等简单方式替代,就是一种减排。实际上,减少 1 千克装修用钢材,可减排二氧化碳 1.9 千克;

少用0.1立方米装修用木材，可减排二氧化碳64.3千克。

未必红木和真皮才能体现居家品味，竹制家具一样可以体现别样风格；在一些家具的选择上，也有很多低碳建材供您选择：由铝粉、树脂和天然颜料聚合经高温压制而成可回收的卫浴，由90%泥土和10%水溶性添加剂共生的软陶瓷以及环保型地板和涂料等等。

废物利用对低碳生活同样意义重大。比如将喝过的茶叶渣晒干，做茶叶枕头，不仅舒适，还能帮助改善睡眠；用不穿的厚呢子衣服剪成方形或椭圆形，在上面附上一块旧的腈纶衫把两者缝在一起，这样一块精致的脚垫就做好了；用装饰好的鞋盒做杂物的收纳盒，既经济又环保；废旧的灯管注入彩色水，就会变成美丽的室内装饰物……

让我们记住，现在"只买贵的不选对的"的消费观念已经落伍了！

出行篇：低碳旅游——与"一次性"用品说再见

据统计，每月少开一天车，每车每年可减排二氧化碳98千克，如果出行选择公共交通工具或自行车，二氧化碳排放量将会更少。此外，排气量为1.3升的车每年减排二氧化碳647千克。通过少开车或者选小排量车、及时更换空气滤清器、保持合适胎压、及时熄火等措施，每辆车每年减排二氧化碳400千克。同时，提高出门办事效率，除非必须，不单独驾车出门。每次出门之前，把要办的事情列出来，争取一口气办完。这样可以减少塞车造成的能源浪费和环境污染。

为了使环境得到改善，请多选择坐公交，少开私家车。在行程选择上，合理安排你的旅行线路，尽量采用最短的行程距离和最环保的交通方式，预订一个距离你的目标景点比较近的旅馆，或者干脆选择一个公共交通发达的地区作为旅游目的地。这些不仅可以节省你的资金，同时

也更加环保。

另外，学会通过互联网搞定你的大部分行程安排。使用电子客票、网上预订客房，可以节省不必要的印刷票据产生。自带环保筷子、充电电池。可以选择太阳能背包，包面上的太阳能板可通过吸收转化太阳能给随身携带的电子产品充电；记得自己带上牙膏、牙刷等洗漱用品，不要使用酒店提供的一次性“6 件套”，减少一次性用品的污染对于减少你的“碳排放”是很重要的。目前国内许多生态景区，都出现了不提供一次性用品的酒店，随身携带棉布的环保购物袋，尽量少带少用塑料袋。衣袋里备有手绢用于擦汗，尽量不用纸巾。

家电篇：最简单不过的减碳方法——买电器看节能指标

现在，家电业声势浩荡地提出了绿色环保健康的“低碳家电”，很多大型的家电卖场，也都开设了“节能”专区。选购的时候，不妨选择节能环保型的产品。例如，买洗衣机一定要认清能效等级标识，选择高等级、节能型的洗衣机，每月至少能节省一半的水和电。也就是说，相同的用水、电量，节能型洗衣机可以多洗一倍的衣物。一台 268 升的节能型冰箱，在寿命期内可节省电费 2000 元左右。

当然，小家电的节能也不可忽视。以高品质节能灯代替白炽灯，不仅减少耗电，还能提高照明效果。节能灯的优点是：比白炽灯节电 70% ~80%；寿命长达 8000 ~10000 小时，是白炽灯的 8 ~10 倍；有多种光色可以选择，替换也方便。以 11 瓦节能灯代替 60 瓦白炽灯，每天照明 4 小时计算，1 支节能灯 1 年可节电约 71.5 度，相应减排二氧化碳 68.6 千克。按照全国每年更换 1 亿支白炽灯的保守估计，可节电 71.5

亿度，减排二氧化碳 686 万吨。曾有专家测算，到 2010 年，预计全国 2.7 万亿度用电量中照明用电量将超过 3000 亿度，如果全国有 1/3 的白炽灯换成 LED 节能灯，每年能省下一个三峡工程的年发电量。

另外，家电的合理利用也能减去不少的碳排放。例如空调启动瞬间电流较大，频繁开关相当费电，且易损坏压缩机，缩短使用寿命。将空调设置在除湿模式工作，此时即使室温稍高也能令人感觉凉爽，且比制冷模式省电。如果每台空调在 26℃ 基础上调高 1℃，每年可节电 22 度，相应减排二氧化碳 21 千克。

厨房篇：厨房节能有技巧

对每个家庭来说，厨房的"低碳"潜力着实不小。

例如，冰箱内存放食物的量以占容积的 60% 为宜，放得过多或过少都费电。食品之间、食品与冰箱之间应留有约 10 毫米以上的空隙。用数个塑料盒盛水，在冷冻室制成冰后放入冷藏室，这样能延长停机时间、减少开机时间。减少电冰箱开门次数和开门时间；如果时间允许，尽量不用微波炉解冻，可将冷冻食品预先放入冷藏室内慢慢解冻，充分利用冷冻的冷能。

用微波炉加工食品时，最好在食品上加层无毒塑料膜或盖上盖子，使被加工食品水分不易蒸发，食品味道好又省电。

总之，一体化厨具的制造、安装过程，大大减少了原料浪费、运输损耗，尤其是统一安装，会节省不同品牌独自操作产生的电力、照明、用水等方面的用能增加及损耗。少用 1 个塑料袋可以减少二氧化碳排放 0.1 克；只要少用 10% 的一次性筷子，每年就能减碳 10.3 万吨；提前淘米并浸泡 10 分钟，然后再用电饭锅煮，可大大缩短米熟的时间，节

电约10%。每户每年可因此省电4.5度,减少二氧化碳排放4.3千克。如果全国1.8亿户城镇家庭都这么做,那么每年可省电8亿度,减排二氧化碳78万吨。

办公篇:和打印机与传真机说再见

通讯工具最好多用电子邮件、MSN、QQ等即时通讯工具,如果全国的机关、学校、企业都采用电子办公,每年减少的纸张消耗在100万吨以上,节省造纸所消耗的能源达100多万吨标准煤;也可以采取人工方式——亲自传达信息,不仅环保还可以缓解一直面临电脑的疲劳。

短时间不用电脑时,启用电脑的"睡眠"模式,能耗可下降到50%以下,每台台式机每年可省电6.3度,每台笔记本每年可省电1.5度;关掉不用的程序和音箱、打印机等外围设备,少让硬盘、软盘、光盘同时工作;适当降低显示器的亮度。液晶屏幕与传统CRT屏幕相比,大约节能50%,每台每年可节电约20度,相应减排二氧化碳19.2千克。如果全国保有的约4000万台CRT屏幕都被液晶屏幕代替,每年可节电约8亿度,减排二氧化碳76.9万吨。

此外,开短会也是一种节约,照明、空调、扩音用电都能省下来;在午餐休息时和下班后关闭电脑及显示器,这样做除省电外,还可以将这些电器的二氧化碳排放量减少1/3;每张纸都双面打印,相当于保留下半片原本将被砍掉的森林;少用电梯,合理使用电视、冰箱、电脑等电器,及时切断其电源。

(原载《气象知识》2010年第4期)

环境条件决雌雄

◎ 李瑞生

在动植物王国里,绝大多数都有雌雄之分。人们发现,动植物的性别除了受遗传基因的控制外,在一定程度上还受环境条件的影响,雌与雄在一定条件下互相转化。这是它们适应环境的一种方式,环境改变,会导致体内合成的性激素发生改变,性别也就随之出现相应的转化。

动物学家研究发现,蜥蜴、鳄鱼及大多数龟等爬行动物,它们的性别不是由遗传基因控制的,而是取决于卵在孵化时的温度。据报道,有位生物学家从1988年至1993年,对汤姆森·考斯韦岛上的龟进行了6年观察,结果发现在温度较高的夏季,孵化出的龟几乎全是雌的,而温度较低的季节,孵化出的龟则多为雄性。在整窝为雌性龟的1988年,该岛7月份的平均温度为77华氏度①,在整窝为雄性的1992年,7月份平均温度则为70华氏度。气候学家预测,由于温室效应的结果,21世纪全球的平均温度,将升高1~14华氏度。果真如此,几十年后的汤姆森·考斯韦岛上将是雌龟的天下。

对于植物来说,有些是雌雄同株的,如玉米、水稻、南瓜等;有些是雌雄异体的,如蓖麻、大麻、菠菜等。有趣的是,有些植物对性别并不专一,环境条件改变,性别也发生变化。菠菜是雌雄异株的植物,一

---

①摄氏度 = (华氏度 - 32)/1.8,下同。

般情况下雌雄各半，但环境改变，其性别比例也相应发生变化。在潮湿条件下，植株产生的细胞分裂素多，根部合成的雌性激素向地上部输送，促使花芽分化成雌花。天气干燥，体内细胞分裂素减少，产生的雄性激素增多，促使花芽形成雄花。光温条件对植物的雌雄比例影响也很大，黄瓜在连续光照条件下，几乎全开雄花。蓖麻则相反，延长光照，可增加雌花比例。番木瓜在低温条件下，雌花占优势，随温度升高，雄花比例则显著提高。

有些动植物同时具有两种性别发展的因素，当受到特定条件的刺激时，会向相应的性别方向转化。对于大农业生产来讲，动植物性别之间存在着质量和产量的差别。如尼罗罗非鱼，雄性比雌性长得快，体型大，产量高，而鳟鱼则与之相反。大麻雄株纤维比雌株纤维的品质好，如此等等。在掌握了这些特点和规律之后，人们可以制造特定的环境和条件，促使动植物向人们希望的性别方向转化，从而使生产获得较高的经济效益。

（原载《气象知识》1996年第5期）

苏杭缘何多美女

◎ 骆月珍

中国大江南北美女众多,不同地域的美女带有明显的地方特色,如京津美女大方高挑,大连美女浪漫丰盈,新疆美女风情万种,成渝美女灵秀俏辣……都说是"一方水土养一方人",这"水土"二字就蕴含了气候和文化的背景。

苏杭美女现象延续千年不衰,当地特定的气候条件功不可没。杭州与苏州同属亚热带季风气候区,显著特点是温和湿润、雨量充沛、光照适宜。苏杭一带江南水乡孕育的姑娘,显露出的四个特点,得益于当地气候的恩宠。

苏杭女子

冬季少严寒的气候环境使得苏杭的冬季不用像北方一样天天使用暖气或火炕取暖，苏杭姑娘无须整个冬季在封闭干热的室内环境中度过。要知道，封闭干热的室内环境可是会充分吸收人体中的水分的。皮肤长期失水容易皱纹横生，也就是说，不够水灵。

苏杭的夏季尽管也会出现高温天气，但由于多午后雷阵雨或台风降水，雷阵雨或台风影响后空气中产生的大量负氧离子能抑制活性氧对皮肤角质及皮脂腺的破坏，一定程度上修复了夏季高温对皮肤的伤害。加上春秋季气温比较舒适，因此皮肤无需太粗的毛孔来散热，汗腺不必太发达，如此一来，皮肤一般就比较细腻。

苏杭全年太阳辐射强度介于我国南北之间，仅夏季7、8月间有短暂数日紫外线辐射强度达最高等级，全年降水量平均在1400毫米左右，

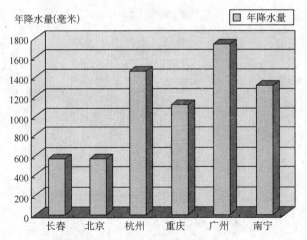

温和湿润的气候特征，使人的皮肤相对细腻，杭州的年降水量明显大于长春和北京。

雨水最少的冬季12月平均降水量也接近50毫米。湿度较大、辐射不强的气候对皮肤有较好的呵护功效，使得色素不易沉着，当地姑娘肤色就普遍比较白皙。

身材适中

北方地区由于纬度较高，日照时数长，利于骨骼生长，因而北方姑娘身材往往比较高挑。

但北方冬季寒冷或多或少限制了运动量，冬季往往是体重容易飙升的季节。而夏季午间炎热、早晚凉爽的气候使得出汗的机会也比南方偏少，因而机体的能耗量相对不高，容易形成健硕的体态。

而低纬度地区由于日照时数偏低，总体身材比北方矮一些。

苏杭纬度介于南北之间，相对而言，姑娘身材适中，显得玲珑有

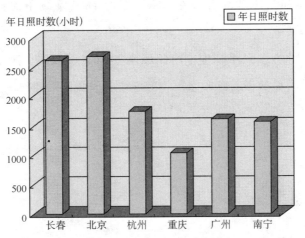

日照时数长，有利于骨髓生长。从图中可以看出，年日照时间长春和北京大于重庆，因而总体身高明显高于重庆人。杭州介于其间，因而身高相对适中。

致，惹人疼爱。

五官精致

低纬度地区由于一年中气温较高的日数多，基本没有冬季，人种的形成为了有利于体内热量的散发，鼻孔往往较阔。

而北方人为了抵御严寒，往往有一个略钩一点和挺直偏长的鼻子。鼻梁较高，鼻内孔道较长，可以使冷空气在鼻腔中预热时间多一点，使呼吸道受冷空气侵害少一些。挺直偏长的鼻梁在视觉上能彰显阳刚之气，但柔美就略显不足。男人拼阳刚，女性显柔美，这也是南方帅哥不如北方多的原因之一。

介于南北之间，苏杭一年中四季分明，人种的形成要适应既有冷又有热的季节更替，而冷热的程度都不剧烈，使得本地姑娘五官的散热功能和预热功能都不必太突出，因而鼻梁线条比较柔和，鼻孔精致。

另外，北方多风沙扬尘，出门经常要眯缝着双眼。风柔雨细的环境，使得苏杭姑娘没有眯眼看事物的必要，因此，眼神往往显得更清澈动人。

优雅温柔

从中国人的审美观来看，优雅温柔往往也是美女不可或缺的要素。这也就是为什么很多人说，苏杭美女的美不是一眼就能看穿的。

苏杭一带光温适宜，雨水充沛，空气潮湿，具有温和、湿润、相对平和的气候特征，这种气候有利于人放松精神和活跃思维，所以苏杭姑娘感情细腻，性格温和，也很机智敏捷。

北方冬季漫长，空气干燥、多风沙、少雨水，这种严酷多变的环境，总体上孕育了北方姑娘的果敢和豪气，所以北方有花木兰"万里赴戎机，关山度若飞"的替父从军佳话。

相反，在南方"细雨鱼儿出，微风燕子斜"的气候滋润下，有的是"幽兰露，如啼眼，无物结同心，烟花不堪剪"的苏小小式温柔多愁人物了。

另外，苏杭美丽的湖光山色也使得苏杭姑娘经常可以与大自然亲密接触，性格中少了几分都市人的孤僻尖刻，多了几分包容平和，善解人意，让人放松。

千百年来苏杭一直是我国的经济、文化中心，商贾云集、名媛辈出，美丽基因在一定程度上得以遗传。江南人崇尚文化蔚然成风，不但名门闺秀吟诗作画，小家碧玉也喜读诗书。这样一来，苏杭美女中也才女如云，秀外而慧中，犹如西湖龙井茶，入口淡雅，回味甘甜，也难怪会名声在外了。

(原载《气象知识》2009年第4期)

"高考提前"的科学依据是什么

◎ 李庆祥

广大高考生最期盼却又最害怕的一年一度的"黑7月"是因考试在7月7、8、9三天举行而得名,就是这关键的三天里,200多万考生们能否考出好的成绩,在很大程度上决定了考生一生的走向与发展。同时考试还牵动着上千万考生的父母、亲朋好友、老师的心。然而,每年这个时候,又恰恰是我国的大部分地区气温较高、气象灾害多发的时节。

炎热的天气,无疑对考生的食欲、睡眠质量、复习效率都带来

"炙热"高考中等待的家长

影响。在广大农村，生活条件较差的地方，考生们更是艰苦，闷热难耐，还要挑灯夜战……这种气象条件，无形中会影响考生的身心健康。生活条件好一些的学生家长，会在临考前几天住进考场附近带有空调的宾馆，这些特殊的安排也无形中给考生的心里增加了负担。

高考期间，全国多半地区进入雨季，已有洪涝灾害出现。南方沿海地区还会遭受台风袭击。1998年长江流域特大洪水，使许多城镇乡村一片汪洋，教育部门为了保证高考按时进行，不得不临时更换考场，有的学生无法到考场，只得安排在船上考试。之后，连录取通知书的送达也遇到许多困难。

闷热的天气和突发的灾情使老师教学也十分辛苦，本来就着急上火，这难受的天气更是火上浇油，讲课辅导口干舌燥，阅卷也丝毫不能轻松，许多老师为此寝食难安，体重大减。

对此，许多群众向有关部门反映意见，社会各界也给予关注。近年来教育部曾收到过来自人大、政协的两会代表的提案，建议更改考试日期。改在什么时间考试比较合适？教育部在决定改动之前，专门请中国气象局提供相应的气候分析资料，以作为这项考试改革措施的决策参考。

根据教育部的要求，中国气象局向教育部提供了3份材料：1995—2000年相关时段内31个省会城市逐年平均最高气温、最低气温、平均气温、降水量资料；1995—2000年平均相关时段全国（共计670个站）平均最高气温、最低气温、平均气温、降水量的气候分布图；相关期间全国洪涝灾害和台风的发生情况。

我国部分地区6月7—9日与7月7—9日天气情况对比

代表区域	代表台站	平均气温对比（℃）		平均最高气温对比（℃）	
		6月7—9日	7月7—9日	6月7—9日	7月7—9日
北方地区	哈尔滨	19.4	22.7	25.2	27.9
	北京	23.6	26.0	29.7	30.8
长江流域	武汉	24.9	28.4	29.2	32.3
	上海	23.0	27.2	27.0	31.0
西部地区	兰州	19.5	21.5	26.7	28.1
	成都	23.5	24.9	27.9	28.9
南方地区	广州	26.8	28.5	30.5	32.7
	南宁	27.5	28.5	31.8	33.0

这里以我国几个代表区域的站点为例，对6月7—9日和7月7—9日的气候特征作一个对比。根据1971—2000年30年的气候资料统计（见上表），明显可以看到，6月7—9日的平均气温和最高气温都比7月7—9日要低。其中平均气温北京低2.4℃，上海低4.2℃，广州低1.7℃，西部地区的兰州也低2.0℃。从最高气温来说，北京低1.1℃，哈尔滨低2.7℃，上海低3.0℃，广州低2.2℃，兰州也低1.4℃。从这个数据看来，温度的差别是非常明显的，高考时间提前一个月，定在6月，能使学生在高温天气里复习考试的情况得到很大的改善。

另外，从降雨的角度，虽然6月上旬和7月上旬总的降水量好像没有太大的差别，但是我们从大于20mm（中到大雨）、大于50mm（暴雨）的日数来看，7月上旬暴雨出现的日数明显要多于6月上旬。以北京为例，6月上旬暴雨日数平均为0.3天，而7月上旬是1.1天；再如上海，分别是0.1天和0.5天；成都是0.03和0.3天。中到大雨天数也有类似的规律。

根据统计，6月中旬台风数量很少，洪涝灾害的影响范围也小，仅1998年长江流域出现洪涝；而7月上旬江浙一带多台风、洪涝、泥石流等自然灾害，如1996年7月，湘、鄂、皖、黔、桂等省（区）也曾发生洪涝，新疆20个县发生历史罕见洪涝；1997年7月广东、广西出现暴雨，局地出现10年或20年一遇的洪水。此外，浙、鄂、赣、苏、皖、豫、滇、黔、闽等省局部发生不同程度的洪涝；1998年出现的洪涝面积之大更是众人皆知。从我国登陆台风数量来看，平均每年9个，具体到各月，6月份为0.97个，7月份为2.25个，差别也是很明显的。这就进一步说明了从气象条件的角度讲，6月上旬组织安排高考比7月上旬要好。

在气象上，我们习惯用舒适度来表示人体对某种温湿条件下环境的适应程度。以北京和广州为例，分别计算两地6月7—9日和7月7—9日平均舒适度指数，北京分别为70.7（很少有人感到热，完全能够接受）和74.6（几乎所有人感到有点热，但能够接受），广州分别为77.8（大部分人感到天气闷热，不舒服）和81.0（绝大多数人感到天气闷热，极不舒服）。这主要是因为南方地区气温高，又伴随着7月份相对湿度增高，容易闷热，使人热得难耐。但不管南方北方，6月份比7月份不舒服的程度明显有所减轻，使人感觉更为舒适。

综上所述，高温、高湿、大雨、暴雨以及台风的频率较高，是我国7月份高考的主要不利因素。

2001年11月份，教育部根据对气候条件的分析，作出了从2003年起调整高考时间的决定，这是建立在科学基础之上的一次重大决策。

（原载《气象知识》2002年第1期）

感觉温度与实际气温

◎ 朱瑞兆

人的正常体温大约维持在 37℃，这并不是说在衣服内和房屋内保持 37℃的温度，人就最舒适。因为人体的新陈代谢所产生的热量，必须以每平方米每小时约 209 焦耳的速度向外发散。若环境温度过高，这些热量不能发散，聚积在体内，人会感到非常难受。这时，人体就要排出大量汗液，借蒸发作用发散热量，以降低体温。只有当气温较体温低的时候，人体的热量才得以畅快地散发。然而当气温过低时，热量发散太快，超过了人体正常散热的速度，又会感到寒冷，这时就要穿上适量保暖的衣服，阻止人体热量向外发散。根据各国的实验，夏季，人们感到最舒适的气温是 19~24℃，冬季是 17~22℃。

诚然，人体总要保持体温"恒定"。当环境温度超过舒适温度的上限时，人们便感到热，若超过 37℃时就感到酷热，一般人们能够忍受的温度上限是 52℃。相反，当环境温度低于舒适温度下限时，人就感到凉、冷，若低于 0℃，就感到严寒。对于一般从事室外活动且衣着合适的人，能够忍受的温度下限约为 -34℃。

以上只是从温度的高低谈论冷、热，这还不全面。其实，所谓冷、热，是人们的一种感觉，它与实际气温，不完全是一回事。感觉温度除与气温有关外，还与风速和湿度等有关。例如冬季南方的阴雨天，人们感到透心的冷；而在北方刮大风时，就感到刺骨的寒。在夏季台风或暴雨到来之前，由于气温高于体温，气温对人体起加热的作用，人只能靠出汗耗热来维持体温平衡，这时空气湿度又大，汗又不易挥发，就会感到闷热异常。如果这时清风徐来，加快了人体热量的散发，马上就感到凉快。这都说明谈论冷、热时不能忽略风和湿度的作用。

风和湿度究竟在感觉温度中起什么作用？首先可增强人体的对流换热，其次可加快空气蒸发，从而也影响着排汗的散热效率。这两者的影响又由于气温高于皮肤温度或低于皮肤温度而有所不同。当气温高于皮肤温度时，风的作用一方面是对流换热而加热于人体，另一方面却增强了蒸发，从而提高了散热效率。如夏季当有热风吹来时，由于汗水蒸发快，人体虽感到干热但并不闷热。反之，在冬季气温低于皮肤温度时，风的作用使对流换热快，散热效率也高，所以在气温相同的情况下，有风时人会感到更冷。根据实验，如温度为 -10℃、风速为 5 米/秒时，人的感觉温度就如同在 -13℃的无风环境之中。

湿度对人体的影响，主要是它决定着排汗的散热效率。在舒适温度的范围内，湿度的影响还不太明显，但在高温时，随着温度和湿度的增高则愈加明显。如气温为 26℃、相对湿度为 90% 时，人的感觉温度则犹如气温为 32℃、相对湿度为 20% 的情况那样。这是因为湿度大时，皮肤完全是潮湿的，此时，蒸发率及由之而产生的散热量仅取决于空气的蒸发力。武汉中心气象台对中暑情况进行分析后认为，单从气温来看，与中暑人数的关联并不很密切，而当气温高于36℃、相对湿度又在50%以上时，中暑人数则会显著增多。这也说明高温高湿的综合作用对人的影响较大。

对于这种人们感觉到的冷、热（感觉温度），美国的环境学家亚哥罗（Yaglou）和米勒（Miller），用干球温度、湿球温度和风的综合效应来表示。他们在结构相同的两个房间里进行实验，使试验者在环境因素（气温、湿度和风速）组合不相同的两个房间来回走动。一个房间

是假定的标准状况,即相对湿度为100%、平均风速为0.12米/秒(相当于无风)状态下的温度。另一个房间的气温、湿度和风速三个要素是可以调节的,使得人由一个房间进入另一个房间具有相同的感觉温度,这种温度叫有效温度。将这三个要素任意组合,只要得出同一个有效温度,人体的感觉都是一样的。

(原载《气象知识》1987年第4期)

冬病夏治气象谈

◎ 袁长焕

"冬病夏治"疗法是我国传统中医药疗法中的特色疗法,它是根据《素问·四气调神论》中"春夏养阳"的原则,结合天灸疗法,在人体的穴位上进行药物敷贴,以激发正气,增加抗病能力,从而达到防治疾病的目的。通俗地说,冬季常会诱发慢性疾病及一些阳虚阴盛的疾患,如果在夏季有针对性地进行预防治疗,并且能够坚持一段时间,比如坚持2~3年,症状会逐渐变轻,从而可达到增强病人抗病能力的目的,到冬季不易复发,即使发病,症状也会大大减轻,其中以老年慢性支气管炎的治疗效果最为显著。

"冬病夏治"的科学解释

大家知道,我国季风气候显著,尤其是黄河以北地区春夏秋冬四季分明。"冬病夏治"实际上是一种典型的"因时"疗法。人们常说的"天人合一"正是这个道理。"冬病"就是在冬天易发的病,此种病的易发人群多为虚寒性体质,也就是俗话说的没有"火力"。通常的症状是:手脚冰凉、畏寒喜暖、怕风怕冷、神倦易困等,中医叫阳气不足,也就是自身热量不够,产热不足,寒从内生。这样的人即使在盛夏,睡

觉也要盖着被子,穿着袜子。为什么冬病要夏治呢?这是因为冬病患者本身体质就偏于虚寒,再加上冬天环境也是寒冰一片,两寒夹击,便毫无"解冻"的可能。所以在冬天治寒症,就像是雨天里晾衣服,是很困难的。然而在盛夏之际,外界环境是暑热骄阳,人体里面是心火正盛,这时积寒躲在后背的膀胱经和关节处,最易被赶出来。但是,对于那些阳气衰弱的人,由于身体里面没有推动之力,就会错过"排寒"的大好时机。另外,有的人本来就有些阳气不足,夏天再痛饮去暑的饮料,如冰镇啤酒、凉茶、水果冰等,然后整日在空调房间里工作,那真是陈寒未去,又添新寒。要记住,寒气是会沉积的,且身体被寒气侵袭的地方,必会气血淤阻,这叫做"寒凝血滞"。若寒气停留在关节,就会产生疼痛,停留在脏腑就易产生肿物,停留在经络就会使经络堵塞,气血也就流行不畅,不但会四肢不温,也常会有手脚发麻的症状出现。所以倘若不在夏日去除积寒,等到秋风一起、外寒复来的时候,就又会内外交困了。

　　从小暑至立秋,人称为"伏夏",即三伏天,是一年中温度最高、阳气最旺盛的时节。"春夏养阳",借天、人阳盛之时予以治疗,可以使患者的阳气充实,增强抗病能力。依据中医"发时治标、平时治本"的原则,除了在冬天发作时治疗外,在夏天未发病时,应该"培本",以扶助正气。因为冬季疾病处于旺盛期,抗药能力强,难以"药到病除",只可治标;而夏天疾病处于平和期,抗药能力相对较弱,易于治本。这一"缓则治本"的独特治疗方法,实际中有较好疗效。

几种病例的冬病夏治建议

　　慢性气管炎　此病冬病夏治有四种方法,即中药内服、敷贴穴位、灸治、伏针（埋针）。内服中药，可根据病情选用参芪片、胎盘粉、固本丸、灵芝制剂、六君子汤等健胃、益气、补肾的药物。若采取外敷法，取灸白介子21克、细辛12克、甘遂20克，共研细末，用鲜姜汁调糊，分别涂在6块直径为5厘米左右的油纸或塑料薄膜上，贴在双侧肺俞、心俞、膈俞穴上。一般贴4~6小时，如贴后局部烧灼疼痛，可提前取下；如局部微痒或温热舒服，可多贴几个小时；若局部起水泡、破烂，应停止贴敷，防止感染；传统的贴敷时间为农历的初伏、中伏、末伏的第1天，贴敷3次，三伏共9次。如果出现闰伏，可间隔10天再加贴1次。目前，在三伏期间的任何时间都可以进行贴敷，但每两次之间应间隔7~10天，连续3年；此法可降低过敏状态，治疗过敏性哮喘。灸治法即针灸大椎、定喘、风门、肺俞、心俞，再以鲜姜片约3厘米贴在上述穴位上，隔姜燃熏，每周3次，三伏天共12次。

慢性结肠炎、虚寒性胃痛 如属于脾肾阴虚者，可在夏季先服用附子理中丸、四神丸、温胃舒，也可用公丁香、肉桂等。

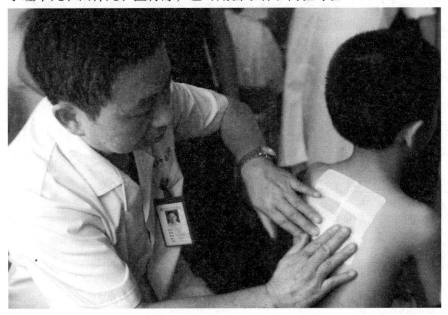

冬病夏治"三伏贴"

冻疮 此病在冬天发作后治疗效果往往不佳，而在三伏天提前治疗可达预防复发的目的。方法之一，在三伏天取独头蒜（其他蒜也可）适量，捣烂，中午放在太阳下晒热（1~2小时），然后涂敷于冻疮发生处，1小时除去，连续涂敷3天，治疗时患者忌着水。方法之二，生姜60克，捣烂，加白酒100毫升浸泡，3天后，每天3次外涂患处，连续一周。

适用冬病夏治的还有肺气肿、肺心病、病原性心脏病、经常患感冒者、慢性腹泻等。通过三伏天的调养和治疗，使病情好转，甚至根除。

冬病夏治贵在养

冬季病患夏季治疗期间，更应注意夏季特点，从饮食、药物及起居方面进行综合调养。

一是慎用辛燥之品，以防伤阴。夏季（气候）天气炎热，易伤阴液，而辛温香燥之品容易导致燥热内盛，暗耗津精，所以应慎食肉桂、花椒、大茴香、小茴香、狗肉、羊肉和新鲜桂圆或荔枝等。

二是忌大量服用寒凉之品。夏季炎热，往往易贪凉饮冷，若大量进食寒凉之品，则易致中阳受损，脾胃虚弱，甚至损及一身之阳气，轻则泄泻腹痛、恶心呕吐，重则造成阳虚宿疾。

三是慎食大量肥甘滋腻之品。夏季易生暑湿，湿热之邪易侵袭人体，若服用大量肥甘之品，则易导致内外湿热之邪合击人体。

四是忌过量运动，以免出汗过多，导致气阴两虚。

五是要注意保持平稳的心态。

（文中所列出的药方仅供参考，建议在医生指导下用药。）

（原载《气象知识》2010年第4期）

气象与饮食

四季膳食巧调配

◎ 顾维明

饮食有节，历来是养生学的重要内容，也是所有长寿老人的共同经验。在《黄帝内经素问》中有，"圣人春夏养阳，秋冬养阴"，就非常强调四季养生的作用。养包括饮食有节。所谓饮食有节，除饮食要守常有节外，还要注意顺从四季节气的变化来调节饮食习惯。

春季是阳气升发、万物推陈出新的季节。人体之阳气亦随之而生发，此时为扶助阳气，在饮食上也须注意，食用葱、麦、豉、枣、花生等，即很适宜。春季是人体生理作用、新陈代谢较为活跃的时期，加上冬季蔬菜品种少，人体摄取的维生素往往不足，因此，在春季的饮食上，应多吃一些新鲜蔬菜，如春笋、菠菜、芹菜等，这对于因冬天偏食滋补食品而致的偏热体质者，也可起到清热解毒、凉血明目、消肿利尿的作用，不宜过多食用油腻烹煎动火之物，以免积热在里，同时要注意不饮烈性酒。

夏季是阳气旺盛外浮的季节。此时气温高，人们的食欲有所降低，消化能力减弱，故要注意食物的色、香、味，尽力引起食欲，使身体能够得到全面足够的营养。此时饮食应以健脾胃、消暑、化湿为主，切忌过多食用油腻厚味，因为油腻的饮食不仅难以消化，影响食欲，而且容易生热、生湿、生痰，引起疾病。夏季气候炎热，人体气血趋向体表，阳气盛而阴气弱，此时，宜少食辛甘燥热食品，以免过分伤阴。为减轻高温、暑气对人体的伤害，提高机体的抗暑能力，宜常吃些具有清火消暑作用的寒凉性食物，如黄瓜、冬瓜、苦瓜、豆芽、莲藕、西瓜、木耳等。但热天也不宜过分贪凉饮冷，过食生冷会脾胃受伤，故进食时，应有热食。另外，多吃大蒜，这不仅可以保护脾胃、还能帮助杀菌，预防胃肠道疾病。

秋季是阳气收敛下降的季节，入秋以后，降雨少，空气干燥，如果调养不当，人体往往容易发生咽干、鼻燥、便秘等"秋燥症"，故饮食调养应以"清润"为宜。应适当多饮些开水、淡茶、豆浆以及牛奶等饮料，还应多吃些萝卜、豆腐、梨、银耳、柿子、香蕉等。这些食物有润肺生津、养阴润燥之功用。尽量少吃老姜、生葱、生蒜、胡椒、花椒等辛辣燥热之品，以及熏烤、烈酒、油腻之食。同时，这个季节因为食品丰富，种类繁多，瓜果蔬菜、鱼肉禽蛋不少，所以还应注意饮食的平衡、多样化，勿偏食。仲秋过后及暮秋时节，人体精气开始封藏，进食滋补食品较易被机体吸收藏纳，有利于改善脏腑功能，增强身体素质，故体质虚弱者、中老年人和慢性病患者，此时可对症吃些红枣、莲子、芡实、山药、百合、板栗等清补平补之品，以健身祛病、延年益寿。

冬季气候寒冷，是万物潜藏的季节，万物冬眠，阳气内藏。冬季饮食的基本原则是保阴潜阳，如鳖、龟、藕、木耳、胡麻等物都是有益的食品。冬季食物应含有一定量的脂肪，以提供充足的热量和营养物质，便于更好地抵御寒冷。日常膳食多安排些热汤以润肺，增食欲驱寒冷。在调味品上可以多用些辛辣食品，如辣椒、胡椒、葱、蒜等。还应当注意摄取黄绿色蔬菜，如胡萝卜、油菜、菠菜及绿豆芽等，避免发生维生素A、维生素B_2、维生素C缺乏症。冬季切忌黏硬、生冷食物，此类属阴，易伤脾胃之阳。冬天人体精气封藏，进补易吸收藏纳，滋养五

脏。民间有"冬补三九"的习俗，中医有"冬至一阳生"的观点。冬至以后，阴气始退，阳气渐回，这时进补可扶正固本，萌育元气，使闭藏之中蕴藏活泼生机，有助于体内阳气的生发，从而增强人体的体质，有利于预防各种疾病的发生。

（原载《气象知识》1999年第1期）

看天吃饭益健康

◎ 霍寿喜

传统中医十分重视天气、气候与人体健康的关系。《黄帝内经》告诉我们：凡是干燥的天气，容易伤肾脏；偏热偏寒的天气容易伤心肺；多风和大风天气容易伤肝脏；寒湿或湿热天气则易伤脾胃。同时，中医又认为调节生活规律，适应四时气候之变化，能有效地保养身体，防御疾病的侵害。一年四季，天气、气候不同，饮食也须有所差异。《饮膳正要》曰："春气温，宜食麦以凉之；夏气热，宜食菽以寒之；秋气爽，宜食麻以润其燥；冬气寒，宜食黍以热性治其寒。"

具体来说，如何做到"看天吃饭"呢？这里不妨根据气象要素的具体指标，将天气、气候分为几个类型，再列出对应的饮食种类及其搭配。

干燥偏寒天气（空气中相对湿度40%，气温在5~20℃之间）　依据我国季风气候的规律，我国北方的秋季和南方的冬季，大都具有这样的天气特征。在北方深秋季节，"燥邪"易犯肺伤津，引起咽干、鼻燥、声嘶、肤涩等燥症，宜少食辣椒、大葱、白酒等燥烈食品，而应多吃一些湿润并具有温热性质的食品，如：芝麻、糯米、萝卜、百合、豆腐、芋头、银耳、鸭肉、梨、柿、香蕉、苹果等，多饮些蜂蜜水、淡茶、菜汤、豆浆、莲子汤等，以润肺生津，养阴清燥。

干燥寒冷天气（空气中相对湿度40%，气温低于5℃） 这种天气在北方持续的时间较长。宜多吃一些热量较高的食品。《千金翼方》载："秋冬间，暖里腹"。我国冬天的饮食习惯的确是多食蛋禽类、肉类等热量多的食品，而烹调多半采用烧、焖、炖等方法，其中以"冬令火锅"最受青睐，经久不衰。当然，干燥寒冷天气下，也必须注意饮食平衡，尤其要注意多食蔬菜（火锅也要尽可能地荤素搭配），同时还要适当吃一些"热性水果"，如：柑橘、荔枝、山楂并且喝些药酒、黄酒等。

湿润偏热天气（空气中相对湿度高于60%，气温在20～32℃） 我国许多地方的春季具有这种天气特征。在这种天气下，人体的新陈代谢较为活跃，很适宜食用葱、麦、枣、花生等食品。同时还要适当补充维生素B族，多吃一些新鲜蔬菜，如笋、菠菜、芹菜、荠菜等。古人认为：春发散，宜食酸以收敛，所以春季要注意用酸调味。特别值得一提的是，春天里的韭菜以它独有的清香、鲜美，成为千家万户的佐餐佳品，而韭菜的营养则可以与一些肉食媲美。

高温高湿天气（空气中相对湿度高于70%，气温高于32℃） 这其实就是我国夏季的天气特征，特别是在南方一些地区比较普遍。此时，人居天地气之中，湿热交蒸，食欲普遍下降，消化能力减弱。故夏季饮食应侧重健脾、消暑、化湿。菜肴要做得清淡爽口、色泽鲜艳，尤其可多食各种凉拌蔬菜或西餐类中的水果色拉等，并应多吃瓜类、水果，喝凉茶、绿豆汤、酸梅汤等。由于气温高，不可过多食冷饮，以免伤胃、耗损脾阳；要注意饮食卫生，变质已腐的食物绝不可进食，避免引发肠胃疾病。

湿冷天气（空气中相对湿度70%以上，气温5～15℃） 这种天气在我国南方比较多见,如华南、西南雨季和长江流域梅雨初期。此时,可食些辛辣食物,如酸菜鱼、水煮鱼、红焖羊肉等火锅、吊罐以及砂锅类饭食,喝适量白酒以抗湿寒。

(原载《气象知识》2002年第1期)

湖南人为何爱吃辣椒

◎ 戈忠恕

湖南人嗜食辣椒，闻名天下，几乎到了无辣椒而不能下饭、无辣椒而索然无味的地步。故此，凡湖南菜肴，不论是炒、烧、蒸、煎、炖，还是烹、煮、煲、焖、炸以及凉拌，处处离不开辣椒作料。而辣椒还具有单独为菜的特色。其色红如玛瑙、青如碧玉、黄如田黄、白如羊脂，其形长的、短的、圆的、扁的、牛角状、五爪形，其味有剧辣、辛辣、麻辣、香辣、苦辣、甜辣、微辣、回味辣，样样俱全。

17世纪之前，中国没有关于辣椒栽培的记录。传说孔子不撤姜食，却不曾说他吃辣椒。楚辞中"椒"字出现的频率较高，《离骚》中有"杂申椒与菌桂兮""怀椒西胥而要之"的句子，《九歌》中也有"莫桂酒兮椒浆"的记载。据考察，所谓"申椒"、"椒浆"的这些"椒"都只是花椒，而不是辣椒。在中古（公元500年到1500年之间）以后的史籍中，也找不到辣椒的仙踪。

明末，辣椒才由南美漂洋过海，经由菲律宾辗转传入中国沿海，很快便散布全国，成为中国人不可或缺的蔬菜食品。有趣的是，整个地球上，只有亚洲和非洲一些国家的人喜欢吃辣椒。这些吃辣椒的地区在地理上连成一片，形成一条"辣带"。这个"辣带"东起朝鲜，经我国中部、西北、西南的东部，从广西、云南向南，经缅甸、孟加拉、泰国、印尼、印度、中近东、北非至大西洋东岸。在这个"辣带"中尤以中国的湖南、贵州、四川嗜辣成性。故此,有"四川人不怕辣,贵州人辣不怕,湖南人怕不辣"的民谚。总之,小小的辣椒联系着中国千家万户的餐桌,丰富着人们的饮食和文化生活。

为什么湖南人这么喜欢吃辣椒呢?原来这还与湖南的特定气候环境有关哩!

湖南位于长江之南,纬度较低,属亚热带季风温润气候。在冬季,北方寒流频频南下,造成雨雪冰霜,气候湿冷;在夏季则多为低纬度海洋暖湿气团所盘踞,温高湿重,天气闷热;春季多夜雨,夜雨不大,但天数多,占全年雨天的70%以上;秋季虽无刺骨寒气,却也有朔风袭人,而且空气维持高湿;加上特殊的地形,即东、南、西三面环山,北面为洞庭湖区,地势低平,中部为不断蒸腾的湘、资、沅、澧四水流经的河谷地带,好似一个面北开口的簸箕地形。由于以上气候和地形条件,致使湖区及河谷地区的潮湿空气不易外流,使湖南成为一个高湿区,月平均相对湿度近于90%。人们常受寒暑高湿之侵。

人们从长期的生活实践认识到辣椒属热性,主要功效是祛风除湿、发汗、健胃。所以吃辣椒可以驱寒,可以促使人体排汗,在闷热环境里增添凉爽舒适感。大家知道,人类生活感到舒适的相对湿度是30%~70%,而湖南是一个高湿区,湖南爱吃辣椒,是为了冬天避寒保暖,夏天消暑降温,用辣椒来减轻潮湿气候对人们身体的影响,这是显而易见的了。另外,通过吃辣椒,可帮助消化,增加食欲,加强体内发热量,从而有助于防止高温、高湿期间人体消化液分泌减少、胃肠蠕动减弱的现象,也有助于防止凉季高湿期内人们患风湿病、腰肌痛等病症。所以湖南人喜欢吃辣椒,这完全是人们长期以来为适应这种特殊气候而采取的一种简便有效的手段。

同时,过去湖南由于交通不便进而造成了流通不畅,使得食盐到了

井冈山的峥嵘岁月仍然是十分稀罕之物。而辣椒具有刺激口味和消毒的功能,恰好成了食盐的替代品。除此之外,因农家人购买力低,辣椒就更显得珍贵,成了农家最实惠、最便捷的蔬菜。湘中宝庆(今邵阳市)一带农家有"一担辣椒干接新年"之说。永江永大墟镇一带农家甚至直接用干辣椒下饭。如此食用必然消耗量极大。据有关部门调查,1999年,湖南全省辣椒种植面积达到115.78万亩[①],年产30.19万吨;当年又从海南等地进口反季辣椒30多万吨,两者相加,是年全省人均消耗辣椒10千克以上。

辣椒适宜于湖南本土食用,外省人入湘,一段时间以后往往也能接受湘菜辛辣的风味与口感,可谓入乡随俗。台湾哲学家张起钧先生在《烹调原理》中也谈到这一点,他原来不吃辣椒,"不要说不吃辣椒,菜里放一点辣椒,整盘菜都不敢吃了。抗战兴起,到了湖南,看到湖南人辣椒做的菜好香。尝尝吧,愈尝愈勇敢,不到半年,则可以跟湖南人一样地吃辣椒了"。

湖南人好吃辣椒不仅仅与气候条件有关,近代以来的湖南人,得益于辣的激发,体现出了辣椒一样的神采与气概。他们在中国的政治军事舞台上火辣辣的表现,可以说是震天动地,威撼世界。"不辣不革命,无湘不成军"。美国记者斯诺在他的《西行漫记》中就曾写道:"毛泽东的伙食也同每个人一样,但因为是湖南人,他们有着南方人'爱辣'的癖好,他甚至用馒头夹着辣椒吃。……有一次吃晚饭的时候,我听到他发表'爱吃辣的人都是革命者'的理论,他首先举出他的家乡湖南,就是因产生革命家而出名的。"

抗战时,侵华日寇三下长沙都大败而归,进而"望湘生畏"。湖南人也自诩:"日本鬼子算什么,打过黄河,打过长江,就是打不过我们

[①] 1亩=1/15公顷,下同。

湖南岳阳一条小小的新墙河。"难怪杨度写下这样的话:"若道中华国亡,除非湖南人尽死。"

所谓"一方水土养一方人",东北人放歌纵酒,养成了豪迈粗犷之气;江浙人细腻甜食,养成温文尔雅之韵。而辣椒与湖南人共生共荣,相映生辉,养成了湖南人勇猛刚劲的气质,构成了中国人文史上的一道独特风景。

(原载《气象知识》2006年第1期)

豆腐坊里学问多

◎ 张玉华

2000多年来，随着中外文化的交流，中国豆腐也像茶叶、瓷器、丝绸一样享誉世界，成为一种世界性的中国食品。豆腐含有丰富的蛋白质、脂肪、维生素等多种人体所需的营养成分。食之鲜嫩爽口，且容易消化吸收，可谓是老幼皆宜、有益健康，深受消费者的欢迎。

说起中国豆腐还有一个神话般的传说：公元前164年，刘安被封为淮南王。刘安好道学，欲求长生不老之术，不惜重金广招方术八士（人），号称"八公"。刘安由八公相伴，登北山而造炉，炼仙丹以求寿。他们取山中"珍珠""大泉""马跑"三泉清冽之水磨制豆汁，又以豆汁培育丹苗，不料炼丹不成，豆汁与盐卤化合成一片芳香诱人、白白嫩嫩的东西。当地胆大农夫取而食之，竟然美味可口，于是取名"豆腐"，北山从此更名"八公山"，刘安也于无意中成为豆腐的老祖宗。

要提高豆腐的产量和质量，一是选择出浆好、籽粒饱满、无霉坏的黄豆，筛去灰砂，去除虫粒；二是掌握好黄豆浸泡、点浆的气象条件。

温度与浸泡时间 温度高，浸泡的时间短；反之，温度低，浸泡的时间长。若温度高，浸泡时间过长，失去浆头，点浆后凝结不好，酸水多，沾缸边，产量大减，质量也差；温度低，浸泡的时间不够，豆心硬，磨不透，出浆率降低。如选取新的去皮黄豆，洗净后入缸（桶）浸泡，气温在15~17℃时，浸泡8~9小时；气温在19~21℃，浸泡3

小时。凭经验看，黄豆基本上膨胀到原体积的 2.5~3 倍，用手掰开，豆心已不硬，豆身柔软即可。

煮浆温度 煮浆火要大，但不宜太猛，防止豆浆煮沸后溢出，当浆温升到 96~100℃时（煮沸后）即可出锅。温度不够或煮得时间过长，都影响豆腐质量。

点浆保温 尤其在冬季气温较低、大风、大雨等天气条件下，点浆后要及时采取保温措施；点浆至上包一般以 30~40 分钟为宜，凝结时间不够，过早上包，不利于泄水，豆腐太软；凝结时间过长，豆腐粗糙，容易泄水，产量降低。

上包通风 春末夏季，气温高，豆腐最容易变酸。为防止豆腐变酸，其方法一是磨浆后及时滤煮；二是上包后及时通风降温，莫放在闷热的室内；三是选用孔型的竹筛、竹笆为宜。

（原载《气象知识》1995 年第 2 期）

气候因素决定饮食文化

◎ 叶岱夫

气候的时空差别和地理环境的差异往往通过物产影响饮食的用料和人们的习惯口味、嗜好。例如海洋性气候显著的沿海地区以海鲜菜著称；江河两岸地区以河鲜菜闻名；河流的下游与中上游的河鲜口味也略有区别，位于中上游的峡谷急流段的河鲜因需抗急流才能生存，其肉具明显的弹韧性，吃起来不只是鲜美，还有特殊的口感；大陆性气候显著的内陆山区以野味和山珍著称；干旱气候区则以牛羊等牲畜为食，但与湿润气候区比较而言，干旱地区的牛羊肉少膻味，且瓜果菜质量佳；同是稻谷，北方所产的稻谷质量因蛋白质含量高而优于南方。

气候的冷热干湿也影响到人们的饮食习惯。一般来讲，湿热地区的人重干香辣（用干辣椒）；伏旱地区的人善清香辣（用新鲜辣椒）。从季节变化来看，南岭以南的粤、黔、闽、台、琼等地，一年之中春夏季节要清热而冬季要补寒，因而民间便有"冬进补春夏解热"的饮食习惯，使药膳在这里更易流行，药膳早已进入平常百姓家，并成为高中档菜色。北方气候四季分明，冬天室内暖和，加之土壤为微碱性土，土、水和食物多含钙，较易满足人们的健康需要，药膳只是病人需要，因而药膳不如南方流行。

西北部黄土高原土壤含钙过多，加上大风天气和干旱，使居民嗜醋，有利于消除体内的钙沉淀，可以预防各种结石病。南甜北咸则与物产和气候有关，南方产糖，而湿度大又使人体水分散失小，因而嗜好吃糖，而不需食用过多的盐。广东人就有"煲糖水"的风俗。北方地区相对湿度小，人体水分散失大，需要消耗较多盐分，故口味偏咸。因此，这便形成了分区的饮食文化差别，我国习惯上有"南甜北咸，东辣西酸"的口味分布特征。

受到气候、地理、民族文化和宗教信仰等因素的影响，实际的分区还要比此复杂。如大到南甜北咸，东辣西酸；小到四川的麻辣、山东的咸鲜、广东的清鲜、陕西的浓厚等等。总之，各有各的原料，各有各的方法，各有各的口味。这种迥然不同的饮食文化特点在烹饪理论中用一个术语来表达，就是"风味"。

地方风味的形成，与地理环境和气象物产条件的制约有着直接关系。地域的环境和气象物产直接决定着人们的饮食范围，因而也就制约了该地的饮食习惯和口味，元于钦《齐乘》指出"今天下四海九州，特山川所隔有声音之殊，土地所生有饮食之异。"晋张华《博物志》也说"食水产者，龟蛤螺蚌以为珍味，不觉其腥臊也；食陆畜者，狸兔鼠雀以为珍味，不觉其膻也"。从地方风味发展史看，情况也是如此。沿海盛产鱼虾，苏、浙、闽、粤等地对水鲜海产烹制擅长。内地禽兽丰富，湘、鄂、徽、川、陕等地对家禽野味利用精工。三北地区畜牧业发达，牛羊肉长期是餐桌主角。青藏高原干燥寒冷的高寒气候区，饮食离不开奶茶、奶酪与肥肉厚脂。长江流域和珠江流域湿热，菜肴偏重于鲜嫩清淡。气候和地理环境的差异还影响到不同地区人们的饮食嗜好，如北方人嗜葱蒜，滇黔湘蜀嗜辛辣品，粤人嗜淡食，苏人嗜甜。除此以外，山西人喜欢吃陈醋，东北人喜欢芥末，福建人喜欢红糟，陕西人喜欢酸辣，新疆人喜欢孜然等等。总之，一方水土养一方人，地理环境和以乡土为主的气候物产就成为许多地方风味流派形成的先决条件。

在我国的一些地区，气候的季节变化还影响到人们饮食节律的年内

调整。如粤人历来讲究饮食,重吃和讲吃是岭南文化的重要表征。这种饮食风格是粤人适应当地气候环境的年变化而逐渐养就的秉性。岭南地处低纬地区,夏季太阳辐射强烈,南岭山脉横亘东西,冬季阻挡住北方的冷空气南下。长年地火旺炽,水质性热,空气湿闷,易令人虚火上升,暑气郁结,殊难调理。为了适应高温高湿的气候环境,粤人总结出了一套与"夏季长、冬季短"的季节变化相关的饮食调理原则:春夏驱湿,盛夏散热,秋冬进补。高温高湿的气候环境孕育出粤菜清淡、尤重"本味"的特点。粤人独特的"凉茶"饮用习惯也是高温高湿气候下的产物。此外,南粤无烈酒,无辣菜。粤人善于以柔克刚,多尚清静无为,重现实享乐而少玄思冥想。正如他们历代远离政治中心、唯求平安一身一样,对饮食调理的格外关注,也是岭南文化注重个体生命、人文关怀和求真务实的体现。岭南湿热气候需要药膳,"春夏清热,秋冬进补"的年内饮食时间节律,也促使了药膳广泛进入粤菜和潮州菜。

(原载《气象知识》2004年第4期)

飞机起降时为啥要请旅客吃糖

◎ 文 青

当您在客机上坐稳后不久,身着天蓝色制服、笑容可掬的空中乘务员,托着满盛糖果的盘子:"请您吃糖。"

快到目的地了,飞机广播中热情地向您介绍到达降落站的时间以及地面的温度和天气等,并以机组的名义向您亲切话别。而在飞机盘旋降落前,乘务员又给您送来了糖果。

您可知道,请旅客吃糖,不仅是民航对乘客文明礼貌和热情服务的表示,原来还是防止和减轻旅客因飞机起飞、着陆而引起耳膜压痛或耳鸣的一种保护性措施。

飞机起降时,耳膜为什么会产生压痛?它和吃糖又有什么关系呢?

这就是大气压力"作祟"的结果。

人们看不见、摸不着、又离不开的空气是有重量的,有重量就有压力。在地面,一般每个人身上要承受一千千克左右的气压。可是,为什么人们不仅没有被如此巨大的重量压扁,反而连丝毫负重的感觉都没有呢?这是因为空气的压力,使得人体内外的气压完全平衡的缘故。

当飞机以大约每分钟三百到五百米的速度起飞、降落时,随着高度的变化,人们承受的空气柱和气压也相应地缩短、降低或增长、升高。对此人体中反应最灵敏的,是介于外耳和中耳之间那层薄薄的耳膜。飞机上升时,因为人体内的气压高于外界,所以,耳膜外凸;飞机下降

时，人体内的气压低于外界，所以，耳膜内凹。由于耳膜的神经末梢非常丰富，当耳膜因两侧气压不同而外凸或内凹时，就会产生程度不同的耳膜压痛和耳鸣。对于大多数旅客来说，由于通过呼吸很快可使身体内外的气压达到一致，所以，往往只在很短暂的时间内感到耳内略有胀感，很快就恢复了正常。但对患有感冒或其他呼吸道疾病的旅客，则会因为外界空气不能顺畅地经由鼻咽部由咽腔的咽鼓管进入中耳鼓室，因而，耳膜压痛和耳鸣的症状比较严重些，持续的时间也长一些。

要克服上述症状，简单有效的方法之一就是吃糖。旅客可以借助不断咀嚼、吞咽等动作，促使空气自由地进入中耳鼓室，调节了鼓室内外的气压，从而避免或减轻耳膜压痛和耳鸣。此外，谈话、做深呼吸等也能起到同样的作用。如感到耳膜压痛、耳鸣严重，则可采取用手捏住鼻子鼓气的办法，这样，往往可使症状消失。

随着航空事业的迅速发展，我国不仅在国际航线上使用性能良好、有自动调压设备的飞机，在国内航线飞行的，绝大多数也是这类客机。因此，当您乘坐这类飞机在空中遨游时，尽管大气压拼命地要弄本领，但它却抖不了威风啦。此时，空中乘务员送来的糖果，就完全变成对您旅途愉快的衷心祝愿了。

（原载《气象知识》1982 年第 1 期）

气象与衣着

四季八段话服色

◎ 程祥清

"四季八段"指一年有四季，一季分两段。在春夏秋冬的时序变化中，服饰的色彩各有特色。传统的"冬深夏浅、春艳秋灰"季节配色观念已经被现代时装的新潮取代。以现代色彩构成理论为基础，随世界流行趋势而波动，融个性于共性之中，是当今服饰色彩设计变化的主流。季节的因素逐渐变得模糊了，人们终于发现，季节的自然限定不再是服饰配色的唯一选择。

然而，自然界色彩的变化仍呈现出明显的规律：如姹紫嫣红的春色、浓郁青黛的夏色、金灿饱满的秋色、凝重空濛的冬色。因此，在服饰的色彩上完全逆行于自然，并非是合理的选择。面对大自然色彩格调，强调自我，超脱自然束缚，标新立异并根植于自然万物万色之中，是当今人们追求的主旋律。八段的色彩各具特色，正确地把握每季每段自然色彩的主要特点，并相应设计服饰的配色，就能使人与大自然达到和谐、统一。

初春与春末的色彩

春回大地,万物复苏。初春时节,虽然乍寒乍暖,但毕竟是"春色满园关不住"。一声惊蛰,草木吐绿。在残冬的灰褐色调里,你会欣喜地发现已经点缀着新绿、丹红和明黄。随着南来归雁声声鸣叫,转眼间百花盛开,世界一下子变得五彩缤纷满目春光,灰褐色悄然退出,主色调溢满世界。服饰的配色在这个时期出现了两极的特点:一则以深沉稳重的暗色为主,在适当的部位装饰少量的娇艳新鲜的嫩绿色、鹅黄色、浅粉色等高明度色彩,其装扮效果俏丽而端庄。再就是以色彩纯度较高的桃红色、湖蓝色等做主色调,配合少量的灰色等进行对比,这样的配色会使你浑身洋溢着春天的气息,十分娇艳迷人。

初夏与盛夏的色彩

盛夏酷暑,炎热难当,然而阳光灿烂碧空万里。自然界的色彩"细草连山翠",红的特红、绿的更绿,一片浓黛。初夏的服色通常以纯度高的艳色配合白色,使人清新爽目并感到生动活泼。即使用很鲜艳的朱红色也不会使人觉得燥热,相反会非常艳丽醒目,妩媚动人。但是到了盛夏时分,因天气高温燥热,太阳光照强烈眩目,艳阳天下服饰配色要避免大量地使用过暖、过深、过闷的暖色调。因为视觉生理的特征本能地喜欢多看一些以蓝绿色为主的冷色调或高明度的冷色系列。如墨绿色

配浅月白色、薄荷绿色配白色等，都能取得令人满意的服饰配色效果。

初秋与深秋的色彩

秋季里，秋高气爽，空气纯正，自然景色丰富宜人，翘首远眺，满目金黄。色彩浓厚、色感坚实的偏暖色系列构成了初秋的主色调。虽然初秋并不凉爽，但毕竟立秋之后肌肤爽滑，不再感到暴晒气闷了。人们情绪上已经逐渐趋于稳定和缓。在服装行业中，秋季是一个旺季，是服装销售高峰。这段时期服饰配色最讲究，以中性温和的色彩受欢迎。它们与自然色彩相协调，适应面大，着装效果使人感到柔美含蓄、温和亲切。时令进入白露，气候由暖转寒，花木凋谢，让人感到寒风飒飒、惆怅冷寂。此时的服饰配色，应当反自然色彩行之，需要响亮、沉稳的浓重色彩，一种果实的色调，金色、红色、黄色、绿色的交替构成主题，带给人们坚定自信的充实感和一个充满活力的色彩世界。

初冬和隆冬的色彩

四季中尤以冬季的自然色彩最为单调，寒冷和灰暗，到处都是沉重的咏叹调。虽然初冬仍残留着一点儿金色，但毕竟"无可奈何花落去"。进入隆冬，更是北风呼啸、寒风刺骨。废叶枯松的浊色调使人沮丧。人们几乎失去了服饰配色的信心，但是时装的潮流不可阻挡，它呼唤着每一个人穿出一个多彩的冬季。于是出现了紫红、橘黄等暖色为主，粉绿、藕荷、白色为辅的丰富的冬色调。更有艳丽多彩的"雪里俏"冬装配色，在淡色或白色的衬底上，以玫红、橙黄、翠绿等鲜色拼接装饰，描绘出极其丰富的冬季色调，使人朝气蓬勃并为之精神大振。

四季服饰色彩走向多样化、多彩化已是时代潮流，由模仿自然、顺应自然到超脱自然，已构成服饰季节配色的必由之路。

（原载《气象知识》1995年第6期）

特殊气候区的穿衣着鞋

◎ 谭 文

由于世界各地气候差异悬殊，人们为适应当地的气候环境并在人体附近尽量创造出舒适的小气候环境，所以对服装和鞋袜的设计要求也不尽一致了。尤其是在那些严寒、酷热、沙漠和多雨的特殊气候区里穿衣着鞋更是各有特色。

生活在北极圈内的爱斯基摩人，可称得上是世界超级技术人员，他们设计的适应于极端寒冷气候的服装就别具一格。这是世界上最轻、最

爱斯基摩人

软、最暖的衣服,这种服装是根据"热空气不会向下散失"的原理设计的。他们的外装只有1.8千克重,整套服装只不过4.5千克,而欧洲和美国人在严寒时所穿的衣服有9~14千克重。爱斯基摩人将毛皮缝合制成皮外套,妇女们把每张毛皮用口咬嚼,使之柔软,外套能在-50℃的暴风雪下保温,是迄今为止世界上最好的防寒服。

爱斯基摩人的服装分内装和外装。外装是在天气极冷或活动不多时套在内装之外穿用的。外衣的毛皮向外,在衣帽边缘上镶有狼獾皮或狼皮,这种毛皮与其他毛皮不同,呼吸喷出的水汽不会在上面凝结成冰。外衣的设计可使手臂能缩进去。连指手套宽大,长至袖子。长筒靴的毛皮向外,可套在长的轻软鞋外面,在气候极冷时可一双套一双,不致使脚受冻。

在天气没有到极端严寒程度和只要作适度活动时,一般只着内装便能抵御风寒。紧身上衣是软毛皮或鸟皮缝制而成的,里面有茸毛或羽毛,为身体散发热气提供了极好的聚集空间,皮料接缝紧密,无气孔,不设扣眼,肩膀贴身,确保热气不外逸。这种皮裘可长期穿用,裤子的长度刚好可以松松地塞入长靴筒内,保暖性能很好。脚上一般穿轻软鞋,毛皮向内十分宽松。这种穿着能充分满足他们在冰封的冻原上劳动、生活之需要。

炎热沙漠气候区温度高,太阳辐射强,昼夜温差大,衣服既要求能遮挡强烈的太阳光照射,又要能利于身体散热及阻止夜间失热,所以这里的人(如西亚和阿拉伯半岛一带)一般穿飘垂的白色长衣。更为奇特的是居住在西奈沙漠的贝都印人,夏天却喜欢穿黑色长袍。他们认为,烈日下穿黑色衣服凉快。据科学家们研究发现:黑色衣服所吸收的太阳辐射是比白色衣服高,但通过黑色衣服向内流动的空气流量比通过白色衣服的大。由于这个原因,黑色衣服内的暖空气所产生的增强的对流,在热量到达皮肤之前就把它带走了。同时由于黑色衣服内产生的对

流比白色衣服大，所以使人感到穿黑色衣服比穿白色衣服要凉快一些。

居住在赤道附近常年炎热地区的西萨摩亚人，体格魁梧，个个肥胖，他们为了适应当地炎热气候的环境，无论男女老少都穿裙子，女子穿的裙比之我国傣族姑娘灵巧的筒裙要显得肥大，而比之西方贵妇华丽的伞裙来，又显得窄小，介于两者之间，当地人称为"帕莱塔锡"。男子穿的裙子叫"拉伐拉伐"，颇似我国的旗袍裙，但要宽一些。此裙缝裁简易，大多是块一米见方的布料，缝上一道边即成。生活在赤道附近太平洋岛屿上的土著居民，男女老少更喜欢穿一种绿色草裙。不管布裙、草裙，它们的共同特点是随风飘浮，既凉爽又美观大方，而且从气候角度看，因为通风效果好，十分有利于身体热量的散失，且能遮挡太阳的直接照射。这是对当地炎热气候的适应和对美的追求的统一。

在我国西北干燥沙漠地区，由于气温日变化大，野外放牧的牧民白天常是翻穿皮袄毛朝外，并且让一只胳膊露在外面，既可使蓬松的皮毛贮存更多的热空气也有利于体内热量的散发，到晚上天气变冷时又把皮袄翻过来穿，保存身体周围的热量，减少向外散失。西藏高原上的牧民也是这样，因为高原气候也有气温日较差大的特点。我国云南一带，由于气候湿热，有些少数民族便上着无领衣衫，下着裙，以利于充分通风散热。

再说说穿鞋袜吧。北方的户外体力劳动者，一年四季总是穿着鞋袜干活。这在一定程度上是为了御寒、防风沙，而且这些地区晴天多，雨水少，完全可以穿着鞋袜去作业。而长江流域和江南地区的户外体力劳动者，夏季常是赤脚穿草鞋。这是因为这一带气温高，雨水多，城郊和农村是成片的水田，穿着鞋袜干活多有不便，而且穿草鞋还可增大与黏性土壤的摩擦力，一定程度上能防滑防跌，赤脚也有助于腿脚部位汗水的尽快挥发，不致使劳动中感到腿脚部闷热难受，干活更利索。两广和福建一带，雨水更多，草鞋浸水后不易干，多流行穿木屐和木拖鞋，它们是最好的防雨水工具。这在多雨而闷热的岭南是很适合环境的。

日本是一个海洋中的岛国,海洋性气候使这里常年多雨,气候潮湿,路面泥泞。因此,日本人的祖先很早就发明了一种木头制成的木屐鞋子来防水。日本人穿木屐是闻名于世的。在欧洲的北部,荷兰人也曾有过穿木鞋的习惯,当然他们的木鞋与日本和中国的木屐不同,是用木头凿刻而成的,不是像日本木屐那样仅由鞋底和上面的扣袢组成。荷兰是世界上有名的"低地之国",尽管与日本相隔万里,但同属于多雨潮湿的海洋性气候,与日本的气候极为相似。

如果我们再考察一下多雨地区人们的穿鞋特点,还会发现,早年穿高跟鞋也与气候有关。欧洲西部及地中海沿岸国家,雨水充沛,经常阴雨连绵,无论是亚平宁半岛上的著名水城威尼斯,还是法兰西的大都会巴黎城以及大英帝国的首都伦敦,常常可以看到人们在泥泞的道路上行走,稍不留意,就会将身上弄得污浊不堪。水,造成了欧洲的繁荣,但却给人们在行走上造成了极大的麻烦。在水城威尼斯,人们常用那纵横交错的水路来充当交通道路,但小船中常常有积水,并不时打湿了那些贵妇人的脚面。因此,不知从何时开始,一些女性出门之时,就开始穿上了鞋跟颇高的鞋子,久而久之,这种鞋子就成了女性们喜欢的宠物,现在还成了当代女性时髦的标志之一。

(原载《气象知识》1996 年第 6 期)

多情的帽子

◎ 刘兆华

帽子，这服饰世界的"小公民"，真称得上"温暖的使者，健康的卫士"。每当寒冬来临，它总是带着融融暖意而来，为人们防寒保暖。对儿童、老者，它格外呵护；对姑娘、小伙，它倍加殷勤。

帽子为何如此多情？原来，它知道，人的头部与整个身体的热平衡有着密切关系。人体散热最大的地方是头部。气温越低，由头部散失的体内热量就越多。处在静止状态不戴帽子的人，从头部散失的热，在气温15℃时为人体总热量的1/3，气温-15℃时为3/4，而气温降到-40℃时，没有保护的头部可使人体新产生的能量全部丧失……

这就是它多情的奥秘。

由于它如此多情，自然博得了人们的宠爱，也引发了许多有关帽子的趣闻轶事。

据文献记载，尽管古希腊古罗马人渴望显露自己优美的身体，但他们却小心翼翼地保护好头部。希神赫耳墨斯——众神的使者，总是赤身裸体，但永远戴着帽子。

在古希腊的壁画中，田野里收获的人们戴着像伞一样宽的檐帽——起保护作用。只有奴隶不戴帽子。

人们戴帽是颇有讲究的。女人总爱在头顶上做文章，千方百计突出自己的气质和魅力。18世纪下半叶，女人喜欢用新奇但笨重的发型发式打扮自己，美丽的花园、丰富的菜畦，甚至大轮船都上了头顶。这些发型很不灵活又难以梳理，而且不能防止阳光照射脸、头、耳肩，因此，很快被精美漂亮的帽子所代替。在法国有句顺口溜："不戴帽子，就像没穿衣服！"但是，帽子牢牢占领女人的头顶还是19世纪末的事。20世纪初，像一只大盘子的宽檐帽子取代发型迅速流行开来。饰有蝴蝶结或羽毛的帽子完全遮住了炎热的太阳，同时突出了女人妖娆、优美的体态。帽子用呢绒或细毛毡制成，既结实又轻巧，透气性好，还挡住了紫外线。女人们头顶"盘子"，在花园的林荫道上悠闲散步，在湖面上泛舟荡漾。

后来，又出现了草帽。春夏之际，青年男女去郊外、去海滩总忘不了戴草帽。草帽的故乡属热带，那里空气潮湿，刹那间下起雨来，呢帽无法使用，再说它也不吸汗，不能让头享受凉爽。为了头顶"风光秀丽"，淡黄色或白色的草帽春天饰有紫罗兰，夏天饰有石竹。此外，羽毛也是草帽理想的饰物。

英国女人更讲实用，她们喜欢不透水的细毛毡的伞帽。即使遇上夏天那突如其来的倾盆大雨，头和肩也不会"遭殃"。

英国女王伊丽莎白二世是个草帽迷。行家指出，她适合戴宽檐帽。但女王本人认为，人们应看见女王的脸，所以，应戴非宽檐的帽子。

如果说女人夏天戴帽是为了打扮自己和防止日晒，那么，男人的帽子还颇有政治色彩呢。帽子表明主人的职业和社会地位。在15世纪的西欧，医生夏天戴无檐圆形软帽，神学家和科学家戴黑帽；而在瑞典，17世纪的几十年间有两个帽子党争权夺利，互相争斗。

阿拉伯人则时兴缠头。缠头不仅有遮挡阳光、尘土、沙暴的作用，还能防止头部在战斗中受伤，个头矮小的男人还能靠它增高。这种独特的缠头对埃及人来说还有一个用处：去市场买东西，把钱放在缠布的皱褶里非常可靠。当打算买东西时，就解开"头上的钱包"。在伊斯兰国

家里,最高统治者苏丹的缠头最大。谁的缠头超过他的等级,那将是"老鼠舔猫鼻子——找死"。

不过,对多数人而言,帽子的功能还是用于防晒。比如,美国的农场工人由于长时间处于强烈的阳光下,医生发现他们中间许多人耳朵的皮肤患恶性肿瘤,在这种情况下,工人们选择过时的美国西骑牧马人戴的宽边帽子,严严实实挡住了耳朵。旷野之风带走了帽子的所有虚荣,留下了其真正的使命:防止阳光和炎热,让皮肤健康、美丽。

有趣的是,当今已有许多神奇的帽子悄然登上了我们的生活舞台。

德国科学家发明了一种按摩帽,它装有微型按摩器,戴上它可治疗偏头痛和神经衰弱等疾病。

科威特科学家发明的空调帽,其夹层装有微型太阳能制冷器,人们戴上它在炎热的沙漠里工作,就不怕太阳的曝晒了。

防噪音帽则是法国的专利。它有特殊的电子装置,不仅能减弱周围的噪声,还能把自己说话的声音扩大。工人在机器轰鸣的厂房里工作也不会受到噪音的伤害了。

日本人还研制了一种催眠帽,人们戴上它就能安然入睡。

随着科技的不断发展,多情的帽子将给人们带来更多的安康和温馨。

(原载《气象知识》2003 年第 2 期)

气象与居住

气象为城市定制宜居环境

◎ 余晓芬

让城更靓、水更绿、空气更清新，城市规划部门不再"单兵作战"。近年来，气象部门的智囊作用正逐渐凸显，营造舒适的居住环境，使城市气候向有利于工作、生活环境方面发展，正逐渐成为建设规划设计的最佳方案。

小到居家生活，为市民贴身打造人体舒适度等各种生活气象指数，大到给"城市病"把脉问诊，量身订制大气环境影响评估和城市气候

城市生活更美好

可行性论证,气象科技正日益渗入城市的各个角落,使越来越多的城市变得更宜居,城市生活变得更美好。

通风廊道　排出废浊之气

"城市是人居住的,所以人的舒适感非常重要。现在生活质量提高后,老百姓不但追求房子面积要大、周围环境要好,也开始考虑和重视气象条件了。"说起气象与城市生活这个话题,已经带领研究团队在全国四五十个城市做过大气环境影响评估和气候可行性分析的北京市气候中心主任郭文利打开了话匣子。

2005年,杭州某房地产公司邀请浙江省气候中心和北京市气候中心,为其一小区项目布局规划进行大气环境影响评估。研究人员搜集了当地近30年的平均气象观测资料,并在小区现场实地观测气象数据,利用数值模式和流体力学软件进行气象条件的模拟,从温度场、风场、污染物影响及扩散能力等方面分析围合式、排列式等不同楼房布局的局地大气环境,综合评估不同方案对周围环境、空气污染和居民生活的影响。

一个月后,小区气象环境模拟结果出炉。"我们给他们做了一些结论,这个小区内的风、温度是怎样分布的,哪些楼层、朝向的风比较适宜,哪些方位的污染物扩散比较好等。"郭文利说,这个根据科学计算得出的小区环境综合评估方案,以及它传递出的生态与人居环境意识,给开发商带来的不仅仅是经济效益。"后来,房地产公司自己透露了他们的'机密':北京卖房一般考虑朝向、楼层,在杭州卖房,除了考虑这些之外,当地还特别重视风。同样情况下,通风好卖价就高。开发商就是根据我们提供的数据,来确定

不同房间的价位。"

在很多市民看来，通风可能只是小区居住才会有的概念，但人们想不到的是，房间需要通风，城市同样也需要通风。对于一个城市来说，存在污染企业排放、市民生活排放、空调热源散发等各种不利因素，如果通风不畅，将加剧城市的热量积聚和污染。

2003年，北京市气候中心协助中国城市规划设计研究院参与了海口市城市总体规划纲要招标，当时参与竞标的共有国内外5家设计单位。

在制订方案时，北京市气候中心对中国城市规划设计研究院的设计方案进行了大气环境定量分析，为该方案的空间生态理念提供了科学依据。考虑到海口靠海，通风条件非常好，北京市气候中心在方案中提出了"通风走廊"的设计思路，方案将海面的自然气流引入城市内部，为"炎热"的城市创造良好的通风条件，缓减市区热岛效应。

"我们按照风向设计了通风走廊。当地要沿着海边开发，我们提出保留出几条通道，在通道两边建房，中间留出绿地。不管怎么开发，通道必须要保证，有利于风在城市中流通。"郭文利说，正是因为充分、合理地考虑了气象条件，而其他方案都没有这一部分内容，使得中国城市规划设计研究院脱颖而出，一举中标。

城市绿肾　缓解热岛效应

南方大多数城市不是有湖泊，就是有河流，这是城市的灵气，也是极佳的降热资源。面对缺水，北京这样无海可依的内陆城市，灵动的城市水系显得弥足珍贵。能否通过改善城市水环境来降低热岛效应？

在历时1年的"北京中心城地区湿地系统规划"的研究中，北京市气候中心的研究人员发现，拥有"大地之肾"之誉的湿地除了在蓄水、调节径流、净化水质等方面的作用外，对于调节局地气候，使局地气候趋于温和也有着较明显的作用。湿地表面的水分蒸发、热量交换以及植被的蒸腾作用等都会直接或间接地影响区域气候环境。

研究人员选取了玉渊潭公园、海淀公园、紫竹院公园自动观测站的观测数据，与天安门、西直门、公主坟、丽泽桥、车道沟五个没有水体地方的自动观测站数据进行比较，湿地附近的月平均气温和月平均最高气温通常较普通地区低 $0.1\sim0.4℃$ 左右，湿地周边地区相对湿度较其他地区高10%。这说明，湿地周围地区一般来说比其他地区气候相对温和湿润，湿地对城市增湿、降温具有较明显的作用，能够在一定程度上改善局地气候。参与观测研究过程的北京市气候中心高级工程师轩春怡说。

轩春怡进一步解释了原因："远离水体的站点都在商业区或居住区，受人为热源的影响，夜间温度不易下降；而靠近水体的站点都在公园里，夜间温度下降较快。可见在城市里、尤其是在大城市中人类活动对气温的影响很大，导致气温升高，也从另一角度说明水体对夜间城市热岛的缓解有一定的作用。"

这一结论在北京市热岛状况遥感监测图上再次得到验证。笔者看到监测图中热岛分布与城市建设规模基本一致，越往中心城区温度越高，同时一些小城镇也形成了孤立小热岛。但是在北京主城区这一成片的高温区域内，也意外出现了几处颜色显示不一样的小色块。轩春怡笑着解答了笔者的疑问："这是北海、中南海一带植被和水体比较多的地方，它们的地表温度较低。"

另外，针对北京市湿地系统规划中提出的将在永定河水系、通惠河水系、南沙河水系增加共2260.6公顷湿地的方案，研究人员也通过数值模拟对湿地增加前后的气象环境进行了比较。研究发现，城市中的水体对其周边的小气候有着明显的调节作用。水体的面积和布局是影响小气候效应的重要因素，水体面积越大对环境影响越大，多块、密集分布的小面积水体对环境的降温、增湿效果更显著。

根据北京市气候中心的研究成果，结合北京市热岛区的分布，北京市城市规划设计研究院对湿地系统规划方案进行了调整。规划提出，在2020年前，恢复历史上一条有名的内城护城河——前三门护城河，恢复这条河道可以有效缓解大栅栏地区的热岛效应。同时，确定在热岛区之一原首钢所在地建设一处水质净化用湿地。

"以前我们在做规划时对气象要素考虑的并不多，气象搞气象的事，城建搞城建的事，两者并没有有机地结合在一起。但是随着研究的深入，我们觉得应该更多地去考虑气候对整个城市的影响。其实我们做城市规划无非就是让城市更舒适，更安全。这种舒适不单单是视觉上的美观，更重要的是大气环境、温度、湿度各个方面舒适的程度，而这些应该是更为重要的。"北京市城市规划设计研究院工程师马洪涛说。

据马洪涛透露，在湿地规划项目之后，城建部门与气象部门开展了更多的合作。针对北京降雨分布不均导致城市沥涝较为严重的情况，去年他们还邀请北京市气候中心就北京市降雨分区和未来40年的降雨趋势进行了专项研究，"不单单是一个技术理念的支持，数据上的支持也非常大。这些合作充分发挥了气候对城市建设的支撑作用，对于我们编制雨水排放规划、河道治理规划，指导整个城市雨水系统的建设是非常有帮助的。"

规划视野　引入气象因素

事实上，小到一个社区和城市水系的布局，大到一个城市的规划，都离不开对气象条件的合理利用。合理地利用气象条件，可以减轻或者减缓城市发展本身带来的不利因素影响。

"一个城市所能容纳污染排放的能力，是由气象条件决定的。像成都、重庆等地，常年平均风速较小，不利于污染物扩散，所以大气容量低。我们通过计算大气容量，为城市规划服务。"当与国家气候中心研究员朱蓉聊到城市与气象这个话题时，她这样解释气象条件对城市发展的影响。

朱蓉介绍了国家气候中心为天津市城市规划设计院做《天津市城市总体规划》大气环境影响评估时的情形。"天津市到2020年的规划范围很大，哪些是工业区、哪些是居民区基本都设计好了。在这种情况下，我们实际上做的就是污染气象条件，也就是气象条件与污染物扩散之间的关系。比如风向下游地区所能承载的污染物就少，因为它不光自己要排放，还要接收上游来的污染。但单从气象角度来说大气环境容量，没法操作。所以，我们就把城市不同地区所能允许的最大排放量算出来，就好操作了。政府在实施的时候，哪个地区超标了，就裁撤哪个地区的排污。"

研究小组在天津2020年规划图上以2千米×2千米为标准，共画出了3600个网格。"我们要提供给政府的就是每个网格的最大允许污染排放量。"朱蓉细致地介绍了操作过程：首先研究人员要完整地掌握天津全年8760个小时的温压湿风等气象数据以及每个网格内污染源的分布情况和政府所要求的污染浓度限制标准。然后，将这些参数输入数值预

报模式，综合考虑气象条件影响和污染物浓度标准，计算得出每个网格的最大允许排放量，而最大允许排放量就是政府规划决策的重要依据之一。

"我们把得出的最大排放总量告诉规划部门，告诉他们哪些地方超标了，哪些地方还有多少余量。得到我们的建议之后，规划部门再根据其他单位的意见进行调整。比如，当时明确要建一个电厂，我们给他们提供了几个安放的位置，最后，规划部门根据多方的意见决定建在大港区。然后我们根据调整后的规划图，再来做运算，重复第一遍的过程，看放到这个地方会有什么影响。算出来的结果显示，加了这个工厂，那个地区总排放量一下就超标了。后来，规划部门决定为电厂进行 98% 的脱硫，才满足条件。"朱蓉回忆说，当时机器需要连续运算两个星期，由于规划方案的反复调整，这样的运算进行了十次。

回忆起完成研究项目时的情景，朱蓉流露出自豪的神情："我们前后花了一年时间做的这个工作，为天津市政府控制污染提供了一个策略，天津市政府对我们的评价很高，因为我们提供的服务，给了他们一个可以实际操作性的东西。"

（原载《气象知识》2010 年第 4 期）

气象与建筑

◎ 刘爱科　徐航航

古代文人欧阳修在《归田录》中记述："塔初成，望之不正而势倾西北，人怪而问之。浩曰'京师地平无山而多西北风，吹之百年，当正也'。"这段文字记述的是北宋初年，著名的木结构建筑匠师喻浩，在宋都东京（今开封）建造八角形、高36丈（120米）的开宝寺塔（灵感塔）时，根据当地最大风速的方向为西北风的特点，将塔身略倾斜于西北方，以抵抗风压力的作用，这是建筑史上最早考虑风压的建筑物。又如中国古书《墨子》中说到"为宫室之法曰：高，足以避润湿；边，足以圉（抵御）风寒；上，足以待雪、霜、雨、露"，这也是在建筑中考虑气象因素的记述之一。

20世纪40年代后，随着大型工业企业、超高层大型建筑物的不断出现，气象因素对建筑的影响越来越受到重视。如1940年美国华盛顿州的塔康马悬桥，在风的动力作用下被摧毁。这个事故促使人们在建筑设计中，进一步考虑气象因素与建筑物之间的关系。

好的建筑有令人窒息的美。而建筑风格的千差万别是地理环境复杂多样的结果，气候条件是影响建筑风格的主要因素之一。

风

风压是垂直于气流方向的建筑物表面上所受到的压强，其值是根据

一定时期的平均最大风速计算的。高层建筑还需考虑风速随高度增大的因素；在大风的风口地区和台风经常袭击的地区，需将历史上出现过的极大风速，作为设计风压的依据。风压是建筑结构设计中侧向载荷的一种主要数据，建筑设计中必须考虑风荷载。在设计中，若风压取值偏低，则建筑物的安全就无保障；若取值合理，则既满足了安全要求，又可以节约大量资金。

防风是房屋的一大功能，尤其是在台风肆虐的地区。日本太平洋沿岸的一些渔村，房屋建好后一般用渔网罩住或用大石块压住；我国台湾兰屿岛，经常遭受台风袭击，风力大，破坏性极强，因此，岛上居民雅美族人（高山族一支）创造性地营造了一种"地窖式"民居。房屋一般位于地面以下1.5~2.0米处，屋顶用茅草覆盖，条件好的用铁皮，仅高出地面0.5米左右，迎风坡缓，背风坡陡，室内配有火堂以弥补阴暗潮湿的缺点，还在地面上建凉亭备纳凉之用。我国北方冬季屡屡有寒潮侵袭（多西北方向），避风就是为了避寒，因此，朝北的一面墙往往不开窗户，院落布局非常紧凑，门也开在东南角，如北京四合院。

风还会影响房屋朝向和街道走向。在山区和海滨地区，房屋多面向海风和山谷风方向。我国云南大理有句歌谣："大理有三宝，风吹不进屋是第一宝。"大理位于苍山洱海之间，夏季吹西南风，冬春季节吹西风，风速大，平均为4.2米/秒，最大可达10级。城市街道走向如果正对风向，风在街口处因狭管效应风力加大，成为风口，因此，街道走向与当地盛行风向之间应有个夹角，以避免风对房屋和人们活动的影响。在一些炎热潮湿的地方，通风降温成为房屋居住的主要问题，如西萨摩亚、瑙鲁、所罗门群岛等地区，房屋没有墙。

雪

在经常出现积雪的高寒地区,还需考虑积雪对建筑物顶部的压力——雪压。雪压是单位面积上的雪重,即积雪深度和积雪密度的乘积。在建筑结构设计中,雪压是垂直荷载的一种主要数据。计算雪压时,还要考虑降雪时的风速,风可引起雪花飘移,使屋面积雪重新分布,没有障碍物的屋面上的积雪比地面少,有障碍物的部位积雪比地面多。

降水

降水量和降水强度关系到屋面、地面和地下排水系统的设计;另外,雨水通过墙壁上的缝隙向室内渗透时导致墙体内部发潮,从而降低热工性能;会使屋面油毡鼓泡、变形、裂缝,造成渗漏,会使墙面出现斑迹,影响美观,甚至使面层剥落损坏。降雨多和降雪量大的地区,房顶坡度普遍很大,以加快泄水和减少屋顶积雪,西欧冬季降雪量大的地区,为了减少积雪,其屋面坡度一般为60°,以使屋面积雪下滑而减小雪压。天长日久,这种尖顶陡坡的建筑就变成了一种建筑风格而流传下来。我国云南傣族、拉祜族、佤族、景颇族的竹楼,颇具特色。这里属热带季风气候,炎热潮湿,竹楼多采用歇山式屋顶,坡度陡,达45°~50°;下部架空以利通风隔潮,室内设有火塘以驱风湿。这种高架式建筑在柬埔寨的金边湖周围、越南湄公河三角洲等地亦有分布。我国东南沿海厦门、汕头一带以及台湾的骑楼往往从二楼起向街心方向延伸到人行道上,既利于行人避雨,又能遮阳。湘、桂、黔交界地区侗族的风雨桥、廊桥亦是如此。降雨少的地区，屋面一般较平，屋面极少用瓦，有些地方甚至无顶，如撒哈拉地区。我国西北有些地方气候干旱，降水很少，屋面平缓，一般只是在椽子上铺上织就的芦席、稻草或包谷秆，上抹泥浆一层，再铺干土一层，最后用麦秸拌泥抹平就行了。宁夏虽然也用瓦，但却只有仰瓦而无复瓦。这类房屋的防雨功能较差。而秘鲁首都利马气候炎热干燥，房屋多为土质，屋顶用草甚至用纸箱覆盖，城市亦没有完善的排水设施，1925年3月因厄尔尼诺现象影响突降暴雨，结果洪水中土墙酥软，房屋倒塌，道路冲毁。在经常有泥石流发生的地区，一切建筑都需避开。

　　降水多的地方，植被繁盛，建筑材料多为竹木；降水少的地区，植被稀疏，建筑多用土石；降雪量大的高寒地区，雪甚至也是建筑材料，如爱斯基摩人的雪屋。我国东北鄂伦春人冬季外出狩猎时也常挖雪屋作为临时休息场所。

贵州竹楼

温度和光照

气温对建筑物影响很大,直接决定着建筑热工性能计算、取暖和空调负荷计算中使用的各项气候参数,从而也决定着建筑物外围护结构保温或隔热设计,决定着建筑室内通风或空调的设计等。气温高的地方,往往墙壁较薄,房间也较大,反之,则墙壁较厚,房间较小。曾有人通过调查西欧各地的墙壁厚度发现,英国南部、芬兰、比利时墙壁厚度平均为23厘米,也就是愈靠海,墙壁愈薄,反之,墙壁愈厚。这是因为欧洲西部受强大的北大西洋暖流影响,冬季气温在0℃以上,而愈往东则气温愈低,莫斯科最低气温达-42℃。我国西北阿勒泰地区冬季漫长严寒,这里房子外观看上去很大,可房间却很紧凑,原来这种房屋的墙壁厚达83厘米。我国北方农村住宅一般都有火炕、地炉或火墙。北方城市冬季多用燃煤供暖。近年来大多已改用暖气管道或热水管道采暖。

有些地方为了抵御寒冷,将房子建成半地穴式,我国东北古代肃慎人就住这种房子,赫哲族人一直到新中国成立前还住着地窨子。有些气温高的地方,也选择了这种类型的地窨子,如我国高温冠军吐鲁番几乎家家户户都有一间半地下室,是用来暑季纳凉的,据测量,在土墙厚度80厘米的房屋内的温度,如果为38℃,那么半地下室里的温度只有26℃左右。我国陕北窑洞兼有冬暖夏凉的功能,夏天由于窑洞深埋地下,泥土是热的不良导体,灼热阳光不能直接照射里面,洞外如果38℃,洞里则只有25℃,晚上还要盖棉被才能睡觉;冬天却又起到了保温御寒的作用,朝南的窗户又可以使阳光盈满室内。而在气温高的地方,往往将房屋隐于林木之中,据估计,夏天绿地温度比非绿地要低4℃左右。在阳光照射下建筑物只能吸收10%的热量,而树林却能吸收

50%的热量。我国云南省元阳县境内有一种特殊的房顶——水顶，平平的屋顶上又多了一汪水面，屋外阳光热辣，屋里却十分荫凉。为尽量利用气象条件，常在建筑布局上充分考虑自然调节的作用，如中国东北、西北和华北的建筑外墙厚，北窗小，街道走向多采用正南正北、正东正西向，以充分利用阳光；在天气炎热雨季较长的地区，房屋高敞开朗，出檐深，有阳台凹廊，门窗多对着开，以利通风降温；东南沿海城市，街道走向多采用东南朝向，以利用夏季来自海洋的夏季风，而求得凉爽；西南地区的干栏、竹楼，可防潮湿和强烈日光照射；印度沿海地区，房屋窗户很少，房顶上的出气孔面对海风，以利于房屋的通风。

为保持室内良好的光照，还必须考虑室外照度及其日变化。楼房之间的间距，需根据全年不同季节的太阳入射角来决定。高纬度的间距应大些，低纬度的间距可以小些。室内光照能杀死细菌或抑制细菌发育，满足人体生理需要，改善居室小气候。北半球中纬地区，冬季室内只要有3个小时光照，就可以杀死大部分细菌。因此从采光方面考虑，房屋建筑需注重三个方面：光照面积，房间间距，朝向。气温高的地方，往往窗户较小或出檐深远以避免阳光直射。吐鲁番地区的房屋窗户很小，既可以避免灼热的阳光，又可以防止风沙侵袭。傣族民居出檐深远，一个目的是为了避雨，正所谓"吐水疾而溜远"，另一个目的是遮阳。有些地方还在屋顶上做文章，如《田夷广纪》记载：我国西北一些地区"房屋覆以白垩"以反射烈日，降低室温。气温低的地方，窗户一般较大，以充分接收太阳辐射，但窗户往往是双层的，以避免寒气侵袭，如我国东北地区。宁夏的"房屋一面盖"也是为了充分利用太阳辐射。日本西海岸降雪量大，窗户被雪掩盖，因此常常还在屋顶上伸出一个个"脖子式"高窗，以弥补室内光照的不足。

经济效益

建筑行业是对气象的敏感度非常高的行业。首先，建筑物的设计、材料和经常性的运行，必须考虑当地天气、气候条件的影响；其次，建筑项目，特别是重大工程项目，主要在野外作业，综合性强，受天气气候的影响非常大。如果缺乏足够的认识和未掌握充分精确的气象资料，一旦遭遇比较严重的天气、气候灾害，建筑部门只能被动地蒙受重大损失。据国外研究表明，在合理利用气象情报和天气预报对策条件下，这些损失至少有40%以上是可以预防和避免的。美国作过统计分析，结论认为，若能适当利用有利天气，至少可节省10%～17%的消耗，或者说增加利润50%～100%，收益与付出之比高达40∶1。德国统计因利用天气预报获利为建筑投资总额的2%～3%。因此，在发达国家，建筑公司对天气、气候信息和预报非常重视和依赖。

在实际生活中，这些要素之间的关系错综复杂，要考虑建筑物所受的影响往往是它们的综合叠加，周而复始。那么建筑物的风格与其功能就息息相关，兼有避雨、遮阳、防风、纳凉等多种功能，同时也是多种因素综合作用的结果。一个好的建筑应该是充分适应气候的建筑，同时又能在一定区域内创造出舒适宜人的小气候环境。

（原载《气象知识》2005年第5期）

气象因素与防范流行疾病的城市建筑设计

◎ 叶岱夫

非典型肺炎在我国的传播暴露了我国一些城市建筑设计的缺陷。近些年，我国许多城市房屋在建设中忽略了气象因素对生存小环境的天然保障机制，产生了不良后果，有些建筑物是先进的、现代的，但在设计建造上却是不科学的。如工作在高级写字楼中的人发现，想打开窗户并不容易，因为写字楼的玻璃窗是整体封闭的，根本就无窗可开；一些住在新楼房里的住户也发现，虽然开着窗，却感觉不到有新鲜空气的流入。专家指出，这是由城市建筑规划设计中忽略气象因素所致。

总体来说，一个安全、节约、可靠、科学、以人为本的建筑物设计会考虑气流（风）、日照、气温、湿度、气压等各个气象要素的影响，其中气流和日照对建筑物的居住生态环境质量影响最大。建筑物或建筑群的设计和建造一方面受到各个气象因素的制约；另一方面，不同的建筑设计，如坐向、朝向、型式（板式或塔式）、楼层高度、楼房的组合、楼房的间距、甚至绿化环境等，也会与气象因素相互结合产生出不同的环境效应，从而影响居住环境的质量。

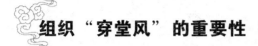
组织"穿堂风"的重要性

面对"非典"的突然袭击,医学专家们反复强调,最简便有效的预防办法就是多开窗通风。按照卫生标准,室内空气中 CO_2 的浓度应在 1‰ 以下,良好的通风条件是室内空气清新的重要保证。在城市,通风的环境还会有利于减轻居室里的空气污染。因此,在建筑设计上要最大限度地组织"穿堂风",利用好天然存在的水平气流资源,自然环流通风,而不是本末倒置地将门窗封闭起来,去追求现代化空调系统的通风功能。居室穿堂风的设计,必须考虑到使室内空气保持流动,特别是在居室门窗的上部都应有方便开启的窗。因为室内的热空气是向上运动的,室内污染空气层一般集中在 2 米左右的高度,开启上部气窗,污染空气可以通过对流运动彻底排出。需要指出,"穿堂风"的设计已经越来越被人们所忽视。在城市一些建筑物的规划建造上,已经出现了"反生态"的设计,脱离了生态、健康、自然的原则,片面追求所谓的豪华型、气派型装饰。例如,我国在 20 世纪 50—60 年代建的房屋,门窗上部一般都有能够开启的窗,可是,20 世纪 80 年代以来新建的很多房屋,室内门窗上部都没有可开启的窗;有些住户片面强调装修的美观,把门窗上部原本可以开启的窗都改成密封固定的;更有一些写字楼、商厦,玻璃窗都是封闭的,通风换气不是利用自然风的循环,而是全靠空调和电动换气装置。殊不知这样的设计产生了严重后果:一来违背了简单高效的自然通风原则,二来电动调温和换气装置不仅工作效果欠佳,而且遇上停电将无法工作,后果更为严重。由此看来,无论是多么现代化的空调通风系统都难以取代自然对流的"穿堂风"。

日照对城市建筑的影响

提高室内空气质量,除了需要多通风,保持空气流通和循环外,还需要足够的日照和采光。阳光中的紫外线能有效地杀灭空气中的有害微生物和病菌,因此住宅建筑应朝南或东南,以利于采光。只有这样,才能保证在日照时间最短的冬至时节,室内每天有至少3个小时的日照。然而,现在很多住宅楼的规划设计都没有很好顾及这一点,特别是塔楼中不少房屋,整套居室里没有一间向阳的房间。这对健康非常不利。

要使居室保持足够的日照,楼与楼之间需要留有一定的间距。具体距离因地区之间纬度不同而有不同标准。众所周知,我国地处北半球,冬季的太阳高度角随着纬度增加而减小,因此,日照时间和太阳高度角的纬度差异性,决定了我国同样高度楼房之间的间距分布规律;间距应随着纬度的增加而加大。这样南边的楼房才不会挡住射向北边楼房低层住户的阳光。而实际上,房产开发商出于经济效益的考虑,并未严格按照此间距要求进行规划建设,使现在城市中大多数楼房的间距都远未达标,为传染病的扩散留下了潜在危机和隐患。

此外,鉴于我国位于北半球,冬季太阳辐射来自南方,而冷空气又来自北方,因此,在建筑群的设计上要同时考虑到这两个基本气候因素的环境效应,宜将不同建筑物的楼高设计成"北高南低"的分布,至少南边的楼房要比北边的矮一层。这样,既可以保证北边楼房低层住户的阳光和日照,又可以利用建筑群构成的"北高南低"的人工地形有效阻挡住冬季寒冷气流的袭击,同时,到了夏季,也有利于偏南气流长驱直入,形成更多的穿堂风。

实际上,日照是影响我国城市中建筑物环境容量的一个重要因素。

一般来说，低纬度城市的环境容量要比高纬度城市大（高度一致的建筑物间距不同，南方城市的建筑物间距小于北方城市），即同样函面积的土地，南方城市所容纳的建筑物比北方城市容纳的要多。因此，城市土地的价格必须考虑到日照因素对城市建筑密度的影响。显然，在其他条件一致的情况下，等面积的土地价格，南方城市要比北方城市高。

座向、朝向和建筑型式

我国属于季风气候类型区，盛行风向的特点是：冬半年以偏北风为主，夏半年以偏南风为主。因此，"坐北朝南"是城市建筑物的最佳选择。"坐北朝南"的建筑设计，可以最大限度地顺应风力和风向的年变化特征。另外，比较而言，在组织通风方面，板式建筑（即长方体呈木板状的建筑物）优于塔式建筑（即呈高塔状的建筑物）。2003年3月份，香港出现一个高密度非典型肺炎的感染楼盘——淘大花园，该栋楼就是一个塔式建筑。淘大花园分为A、B、C、D、E若干个座次，其中的E座住户在几天内就有300多人感染非典型肺炎，而其他座次的住户感染率则很低。据调查研究，E座住户的高感染率除了与排污系统有关外，一个重要因素就是塔式建筑的通风条件较差所致。同时，淘大花园的建筑物高度和建筑密度都过大，形成"抽气效应"，使底部受污染的空气随着垂直气流上升扩散，也是导致疾病高发的原因。

（原载《气象知识》2003年第4期）

给孩子一个良好的居室环境

◎ 袁长焕

一位朋友和我聊起教育子女的事,并告诉我他现在生活条件和居住条件比原来强多了。他给孩子一个单独的房间,还买了电脑、电子琴、录音机、空调等,可见这位朋友望子成龙心切。可是当我来到他家时,眼前的一切让我吃了一惊。一进门,一股浓浓的油漆味扑鼻而来(这位朋友开了个油漆化工商店),房间的一侧堆放了各式各样的油漆桶。朋友说:"生意的需要,没有办法。"我劝他说:"对孩子的教育不仅仅需要投资,而且还要为他们创造一个舒适、清洁的居室环境。"

据有关部门了解,这种情况大都出现在家长文化层次较低的家庭里。这些家长往往认为给孩子吃好、学好就能成才了,殊不知他们忽略了一个很重要的方面。

一般有条件的家庭,为了使孩子安静学习、休息,往往让孩子单独居住。这样孩子的居室环境——居室小气候,也就显得格外重要了。居室小气候包括室内温度、湿度、采光、噪声以及空气清洁度等。

据医疗气象研究表明:夏季气候炎热。儿童居室的温度一般以24~26℃,相对湿度以50%~60%为宜。相对湿度不能大于80%或低于20%。湿度过高,会使孩子闷热难忍,体弱的孩子抗热能力差,还有可能引起中暑;室内还会孳生各种细菌、病毒,易传染上疾病。湿度过低,室内空气干燥,孩子出汗过多,易引起脱水。所以在北方地区,夏天，应适当在地上洒些水或打开风扇，注意开窗通风，让室外新鲜空气进入室内。冬季气候寒冷，儿童居室的温度一般以 18~22℃，相对湿度以 30%~40% 为宜。湿度过大，孩子会感到阴冷，容易患感冒。由于冬季寒冷，特别是北方地区人们对居室的温度比较重视，对湿度大小往往注意不够，相对湿度常常低于 10%。这样会使空气中各种粉尘扩散，若通风不良，常常诱发儿童的呼吸道疾病。此外，儿童的被子要适当晾晒，保持干燥，厚薄适宜。

有条件的家庭，往往为孩子的居室配置了空调。殊不知，装上空调，紧闭门窗之后，室内空气的清洁度便减弱了。加上室内外温差过大，孩子身体平衡温度的能力差，进出空调房间，反而易诱发出伤风感冒、胃寒、腹疼等症。因此要注意适当开启空调。

儿童居室一定要有良好的采光，适当的阳光沐浴，有利于儿童骨骼的发育。孩子的房间尽量安排在朝阳一侧；同时儿童居室及周周噪音不宜过大，应小于 60 分贝。

儿童居室最值得注意的就是室内污染了。随着现代电子工业、化工工业的飞速发展，家庭居室已不再是"世外桃源"，也存在着一定的污染源，如地毯、电器、塑料制品等，这些物体散发出的异味、产生的灰尘都可以影响儿童的健康。另外，室内墙壁的油漆涂料、厨房炉烟、煤气、大人抽烟的烟雾，不仅会引起儿童哮喘等疾病，还因二氧化碳多、氧气少造成儿童头晕，影响儿童学习效率。所以，在孩子起床后，应开窗换气，保持室内空气新鲜。

为了您孩子的健康成长，给他们一个明亮、清洁、安静的生活环境吧！

（原载《气象知识》1996 年第 2 期）

封阳台的利与弊

◎ 林之光

近年来,我国各地城镇居民大批迁进楼房新居,家家户户都有了阳台。于是,封不封阳台的问题,摆到了每户楼房居民的面前。封阳台虽可以扩大使用面积,但也产生了其他的问题。本文只研究其中的气象问题。

冬春削风减沙

北方冬春季节风沙很大。笔者曾住8楼,10年未封阳台。年年案头沙尘不绝,甚至每日需清理1~2次。因桌子紧靠窗户,刮大风时看的书上甚至也有沙尘。后来从8楼搬至4楼,一到新居就封了阳台,至今已住了5个年头。桌子上基本没有沙尘,只有少量的灰尘和绒状尘,显然是风速减小之故。因为风速是随着离地面高度的上升而增大的,即4楼的风速要比8楼小些。但阳台窗户削风减沙的作用仍功不可没,因为封后的阳台上仍有沙尘,否则这些沙尘就会进入室内。

另外,在有风时,为了达到房间内通风而风速又不致太大的目的,可以把两道窗户的开缝方向错开,使气流迂回入室,减小风速。这对老人和病人是很重要的。如果不封阳台,单靠一层窗户,因为楼高风大,便不易达到上述目的。

 寒冬保温增暖

我国北方冬季因严寒需要取暖。有时因室外气温过低，或暖气供应不足，有的居民楼室内常达不到舒适的温度。这时，封阳台的保温增暖作用最为明显。

笔者曾在1997年1月上旬（当时正好出现北京近年来少有的低温）进行过多次阳台及其内外的气温对比观测。例如1月7日清晨日出前后，阳台窗外气温 -10.2℃，室内气温 16.0℃，即此时室内外温差 26.2℃。不过，此时室内气温 16.0℃，是靠着封了阳台才达到的。因为此时房间窗外已封的阳台上气温是 1.0℃而非 -10.2℃。即在房间窗外为 1.0℃的情况下，居室屋内才能保持住 16.0℃的气温。果然，如果打开房间的阳台门（房间的另一门始终是关闭的），即相当于把阳台窗户当做房间窗户，这时室温便降到了 12.5℃左右。也就是说，由于减去了阳台窗户这一层保暖屏障，室内气温下降了 3.5℃。

应当说明，实际上这 3.5℃降温中除了少一层窗户外，还有其他原因。例如，笔者阳台窗户的面积要比房间窗户大得多，因而散失的热量会更多；把阳台窗户当做居室窗户后又会使房间空间增大，而暖气热量是固定的，因而也会使房间气温下降；此外，笔者的阳台窗户有缝隙（关不严），也会使室内气温下降得更多一些。不过，笔者认为，封阳台后夜间（指无其他外来热源）提高 2℃室温应该是没有问题的。而且这个数值还将随环境温度变化而变化。如室外气温比 -10℃低时，封阳台的保温增暖效应会更加明显。

实际上，封阳台的保温作用，原理上和东北地区的双层窗户（或一

层窗户有两重玻璃）是一样的。黑龙江省漠河北极村，是我国冬季中最冷的地方。当地居民除了采用双层窗和两重门（两重门窗之间宽度有50厘米左右）外，还在外窗户外面再蒙上一层透明塑料膜。这样才能抵御那长夜之中 -50～-40℃的严寒。总而言之，据1997年12月5日《北京青年报》前沿新知版报道，澳大利亚华裔科学家唐健正教授的高绝热真空玻璃（两块普通的3毫米厚玻璃，中间隔以真空，原理类似热水瓶胆）研究成功。据演示，在玻璃一侧是50℃高温下另一侧仍可很清凉。这种玻璃于1996年在日本投入生产，当年第一条生产线就生产出了10万平方米玻璃，1997年又建成第二条生产线投产。这种真空玻璃一旦走入千家万户，对建筑节能的贡献将是十分巨大的。

封阳台在盛夏有利也有弊

楼房居民对封阳台的最大忧虑，可能还是夏天室内会不会感到更热，因为玻璃窗阳台有温室效应。

其实封阳台后白天室内的气温并不高。

当然，在阳光下阳台本身对居室房间而言，就是不封也是个热源。封后热源效应就更强了。据笔者多次在两个南屋中进行对比观测发现，封阳台后，如果能多开几扇窗，阳台上的气温虽略有上升，但比无阳台的南房室内距窗相同位置上，一般高不过2℃（视通风情况而定），但对室内气温影响已很小，房间深处基本不受影响。如果采用北京居民夏季常用的办法，白天在阳台窗户上挂上窗帘，上午9点以前、下午太阳落山后同时开窗（包括侧窗）通风，则室内气温还有下降趋势。因为这等于把房间扩大，窗户前移。室内离阳光热源（阳台的窗户和窗帘）更远，自然就变得阴凉了。

当然，也应指出，封阳台后，夜间室内气温高于室外，阳台窗户总是不同程度地妨碍室内向室外散热，使室内傍晚至上半夜降温尤慢。本来，在这段时间中城市热岛效应就已经使得城区降温慢于乡村，而这个现象又因封阳台而得到增强。1997年夏季，北京特别炎热，7月平均气温打破有气象观测以来的百年纪录。笔者在许多日子中都进行了连续观测，发现上半夜中当室外气温在极缓慢地下降（一般出现在小风大热天气）时，室内气温甚至可以两三个小时几乎不变。在阳台窗内外甚至可以感觉到有温差存在。

就北京而言，在一般年份中因这两种原因而造成的上半夜热得难眠的情况是不多见的。但南方江淮地区夏季正常年份的气温就相当于北京大热年，江南正常年份气温比北京大热年还高。由此亦可见南方由于夏热、夏长，是完全不适宜封阳台的。在那里，夏季通风散热的需要远大于冬季强冷空气南下时保温增暖以及防尘的需要，其主要矛盾是不同的。

(原载《气象知识》1998年第1期)

大门朝南好处多

◎ 揭正中

一般的房屋,大门多是朝南开的。只有山边、街道上的房屋,因地形限制或有别的特殊原因,大门才不朝南。大门朝南是千百年来建房的传统,这里面是有一定科学道理的。

冬天,经常北风怒吼,寒气袭人。上海有63%的时间刮北风或偏北风,南昌有70%的时间刮北风或偏北风,江西铜鼓山区静风时间多达49%,刮北风及偏北风的时间也有30%。如果房屋的大门朝北,寒冷的北风就会直冲屋内,寒风刺骨,令人不得安宁。为了挡风,只得经常紧闭大门,这就很不方便了。到了夏天,南风呼呼劲吹,但只能绕墙而过,不能从大门进入屋内,室内仍显得热不可耐。如果大门朝南,上面的问题就不存在了,冬天北风不欺人,夏天南风拂凉意。真是一变方向,两全其美。

阳光是人体不可缺少的一种"营养",适当地晒晒太阳,能促进新陈代谢,加速组织生长,使人精神振奋。阳光中的紫外线,可以使皮肤下的7-脱氢胆固醇转化成维生素D_3,促进人体对钙质的吸收利用,能有效地预防佝偻病的发生,对儿童特别有益。紫外线还具有杀菌作用。冬季,长江以南即使一直天气晴好,阳光的可能照射时间也只有夏季的75%左右。实际上,由于雨雪阴天多,阳光灿烂的时间很少,日照时数只占可能照射时数的20%~50%。冬季江南一带日照少,加上温度低,天气寒冷，阳光就显得特别宝贵。

我国处在地球的北半部，太阳位置多半偏南，尤其是冬季，阳光从南面较低的位置斜射而来。为了使屋内得到较多的阳光，自然要把大门朝南敞开。如果大门朝北，那就没有多少阳光能直接照进屋内，只能靠窗户透进阳光了。

冬季，太阳从东南偏东方升起，在西南偏西方落下。大门朝南，阳光直接照进屋内的时间较长。早晚时分，太阳位置低、阳光斜射，可以深入到屋内。随着太阳的升高，屋内阳光照到的面积渐渐缩小，一天之内，中午屋内的见光面积最小，但此时的阳光最强。长江以南的大片地区，冬季中午的太阳高度角只有45°左右，阳光照进屋内的最短距离与大门顶框离地面的高度相等。如果大门顶框高2.5米，那么，冬季中午的阳光可照进屋内2.5米远。这是一年中中午阳光照进屋内的最远距离。

冬季的阳光照进屋内，不但送来了宝贵的紫外线，而且能增高室内温度，使人感到温暖和舒适。冬季，北纬28°地区，在阳光照射下，平均每平方厘米的地面一个小时能获得60卡的热量，6平方米的地面照射5个小时，能得到18000千卡的热量，它相当于燃烧4.5斤[①]木炭或4.8斤无烟煤产生的热量。这么多不花钱的热能，只要把大门开在房屋的南面便可得到，实在是太好了！而夏季的早晚，太阳在偏北方向出山和下山，中午前后的太阳高度角很大，阳光几乎直射地面，照不进屋内，因而不会使屋内的人感到酷热难挨。

如果大门开在北面，情况正好相反，冬季晒不到太阳，遇上雨后冰冻天气，南侧地面很快干燥，温暖宜人。而北面的大门口，可能会连日冰雪溜滑，使人行走不便，屋里还得多添火炉取暖御寒，增加防

---

① 1斤=500克，下同。

寒费用。夏天的早晚，太阳反而会把火热的阳光送进屋内，显得格外闷热。

根据建筑方面的要求，室内冬季至少要有1个小时的日照。前后房屋要保持一定的间距，特别是在设计连片楼房的时候，一定要考虑好前后两排房屋的距离，不能靠得太近。

（原载《气象知识》1985年第1期）

居室与日照

◎ 孙化南

阳光是人类健康的源泉。我国春联中有一句"向阳门第春常在",意思是说一个宅第能经常得到阳光照射,家人心情舒畅、精神愉快,就会健康长寿。所以,人们在选择居室时,居室日照充分与否是重要的条件之一。那么,我们应当怎样获得充分的日照和如何判定一个居室的采光好坏呢?

住宅建筑的日照标准

为了获得充分的日照,住宅建筑物至少要达到建筑日照标准。1994年2月1日起执行的国家技术监督局和中华人民共和国建设部联合发布的强制性国家标准《城市居住区规划设计规范》中,规定住宅建筑日照标准为:冬至日住宅底层日照不少于1小时或大寒日住宅底层日照不少于2小时。

决定住宅建筑日照标准的主要因素:一是所处地理纬度及其气候特征,二是所处城市的规模大小。

此规定改变了以往全国各地一律以冬至日为日照标准日的传统,而采用冬至日与大寒日两级标准日。过去我国有关文件曾规定"冬至日住宅底层日照不少于1小时"。我国地域辽阔，南北方纬度差约50余度，同一日照标准的正午影长率相差3~4倍之多。如漠河（北纬53°00′）冬至日正午影长率4.14，大寒日正午影长率3.33；而北京（北纬39°57′）冬至日正午影长率1.99，大寒日正午影长率1.75；广州（北纬23°08′）冬至日正午影长率1.06，大寒日正午影长率0.95。所以在高纬度的北方地区日照间距要比纬度低的南方地区大得多，达到日照标准的难度也就大得多。

大城市人口集中，因此，同一地理纬度的同一日照标准，小城市能达到的中等城市不一定能达到，中等城市能达到的大城市可能很难达到。建设部对全国140余个居民区的调查表明，北纬25°及以南地区如昆明、南宁等城市，现行住宅日照间距已达到或接近冬至日住宅底层日照不少于1小时标准；北纬30°上下、长江沿岸一带的南京、杭州、常州、武汉、沙市、重庆等城市现行住宅日照间距则仅接近大寒日住宅底层日照1小时标准；而北纬40°以上的长春、沈阳、哈尔滨、牡丹江、齐齐哈尔、佳木斯等城市现行住宅日照间距则连大寒日日照1小时标准也未能达到。

根据我国的这一情况考虑实际与可能的情况，以多数地区适当提高日照标准、少数地区不降低现行日照标准，即以分地区分标准为基本原则，采用冬至日与大寒日两级标准日，力求提高科学性和合理性。国际上许多国家也都按其国情采用不同的日照标准日，所以我国采用冬至日与大寒日两级标准日，既从国情出发也符合国际惯例。

住宅日照间距与日照

住宅日照间距主要满足后排房屋（北向）不受前排房屋（南向）

的遮挡,并保证后排房屋底层南面房间有一定的日照时间。日照时间的长短,是由房屋和太阳相对位置的变化关系决定的,这个相对位置以太阳高度角和方位角表示。它和建筑物所在的地理纬度、建筑方位以及季节、时间有关。通常以建筑物正南向、当地冬至日(大寒日)正午12时的太阳高度角作为确定房屋日照间距的依据。在一日内,太阳上中天时,其高度达到最大值,称为"正午太阳高度"。在一年内,除南北回归线之间的纬度带以外,正午太阳高度都以所在半球的夏至日为最高,以冬至日为最低。

日照间距系数是根据日照标准来计算的房屋间距与遮挡房屋檐高的比值。根据日照计算,我国大部分城市的日照间距约为1~1.7倍前排房屋高度。一般越往南的地区日照间距越小,往北则越大。

按沿纬度平行布置的6层条式住宅(楼高18.18米,底层窗台距地面1.35米)计算,要达到冬至日住宅底层日照不少于1小时这个标准,哈尔滨、北京、西安、上海、成都、广州日照间距系数分别要达到2.46、1.86、1.48、1.32、1.29、0.99;要达到大寒日住宅底层日照不少于1小时这个标准,以上城市日照间距系数分别要达到2.10、1.63、1.31、1.17、1.15、0.85;要达到大寒日住宅底层日照不少于2小时这个标准,以上城市日照间距系数分别要达到2.15、1.67、1.35、1.21、1.18、0.92;而上述几个城市现行日照间距系数分别为1.5~1.8、1.6~1.7、1.0~1.2、0.9~1.1、1.1、0.5~0.7。可以看出,全国绝大多数地区的大中小城市均未达到冬至日住宅底层日照不少于1小时这个标准所必需的日照间距系数。大多数城市的住宅,冬至日前后底层有1~2个月无日照;东北地区大多数城市的住宅,冬至日日照遮挡到3层、4层。因而这些城市无法以冬至日为日照标准日,只能采用第2档次即大寒日为日照标准日。即使以大寒日为日照标准日,根据现行采用的日照间距系数标准,目前也只有北京接近达到大寒日住宅底层日照不

少于 2 小时日照标准。

各地现行采用的日照间距系数明显低于强制性国家标准,是造成居室日照不足的主要原因。

住宅朝向与日照

其次,为了获得充分的日照,住宅需要有良好的朝向。

选择居室朝向,是为了得到室内冬暖夏凉的环境。太阳的辐射强度、日照时间以及常年主导风向都是影响建筑朝向的因素。

我国绝大部分地区都处于北回归线以北,太阳辐射强度从南向北递减,纬度低,太阳高度角大,阳光热力强;纬度高,太阳高度角小,阳光热力弱,同样日照时数获取的辐射热力不一样。根据季节变化,南向在夏季受太阳照射的时间虽然较冬季长,但因太阳高度角大,从南向窗户照射到室内的深度和时间都较少。相反,冬季太阳高度角小,从南向窗户照射到室内的深度和时间都比夏季多。这就有利于夏季避免日晒而冬季可以利用日照。长期的生活实践也印证了南向是我国最受欢迎的建筑朝向。在南方炎热地区,除了获取冬季日照外,还要着重防止夏季西晒和有利于通风,所有住宅居室应避免朝西;但在北方寒冷地区,夏季西晒不是主要矛盾,而重要的是在冬季获取必要的日照,住宅居室应避免朝北。总体来讲,最佳朝向为南偏西或偏东 15°~30°以内;适宜朝向为南偏西或偏东 45°以内。

我国南方地区夏季气候炎热,应考虑建筑物的长轴方向垂直于夏季主导风向,才能获取较理想的穿堂风,而北方地区冬季寒冷,建筑物的长轴方向应平行于冬季主导风向。

实照时数与日照百分率

居住在楼层底层的人们经常感到终年不见阳光，抱怨建筑部门住宅建筑间距太小。当然实际操作中由于种种原因达不到规定的标准这是事实，但是，即使达到规定的标准，也无法保证住宅建筑日照标准。这是因为计算中考虑的是可照时数，与实照时数有较大的差别。

日照时数分为可照时数和实照时数。太阳从出现在一地区东方地平线到进入西方地平线，其直射光线在无地面障碍物和云、雾等任何遮蔽的条件下，照射到地面所经历的时间，称为天文可照时数或可照时数，它随季节和纬度而变化。从天文常用表中可查出各地每日日出、日落时间，算出可照时数。实照时数是指实际受阳光照射的时间，它不仅随季节和纬度而变化，而且与云、雾、降水、大气透明度、地形以及障碍物有密切的关系，因而实照时数要比可照时数少。气象上常用两者之比即日照百分率来衡量一地区日照多少及可利用程度。

根据 1961—1990 年资料统计可以清楚地反映出天气条件对日照时数的影响，例如北京、哈尔滨、乌鲁木齐、西安、上海、广州、成都，实照时数分别为 27485、25975、26012、19069、19778、17732、11723 小时；年平均日照百分率分别为 62%、58%、58%、43%、45%、40% 和 27%，即意味着天气条件使这些城市分别减少了 38%、42%、42%、57%、55%、60% 和 73% 的日照时间，从中可清楚地反映出北京、哈尔滨、乌鲁木齐的天气要比广州、成都晴朗得多。所以，我国年日照时数最多的不是南方，而是年平均日照百分率高达 70% 以上、年日照时数 3000 小时以上的西北内陆地区。年日照时数最少的是年平均日照百

分率只有25%的四川盆地及贵州大部，年日照时数仅有1100小时左右。

因此，我们在选择居室的楼层时，要综合考虑住宅日照间距、朝向、可照时数，根据各自需求和条件适当提高居室楼层，以便获取足够的日照。

（原载《气象知识》2001年第1期）

居室温度宜多变

◎ 霍寿喜

挡风避雨、避暑御寒是居室房屋的原始功能。人的大部分时间都是在居室里度过的，因而居室小气候是一种与人体健康最密切相关的人造气候。随着人们物质生活水平的日益提高，各种调节居室气候的电器产品（如空调、加湿器等）已越来越多地进入寻常百姓家，居室气候已变得越来越舒适、越来越不受自然气候的制约。但和自然气候相比，居室气候只能算是一种小气候。人的许多活动还必须在自然气候下进行，而出入居室，其实就类似于出入不同的气候带，人的身体常常不能完全适应这样的气候变化，于是就出现了各种各样的居室病症，空调病就是一例。

怎样才能提高人们对环境变化的适应能力，从而避免现代居室病呢？医疗气象学家通过试验，得出一个比较有效的办法，那就是在居室内保持一种气象变化，以多变应突变，从而锻炼人的抗变能力。事实上，生活或工作在气象条件不断变化的环境中的人（例如经常出入高温车间或冷库的工人），患感冒的几率要比在正常环境下工作的人少得多。而常在空调居室（一般保持较低的恒温）久待的人，患感冒的次数则最多。俄罗斯的医疗专家就曾采取变化居室小气候的方法，用了3年的时间，将莫斯科第十九住宿学校某一班学生的患感冒率降为零。

在诸多种类的气象变化中，以温度变化对人体健康影响最大。通过

不断调节居室温度,可以使人的生理体温调节机制不断地处于紧张状态,生理调节能力可以逐渐适应温度的急剧变化,从而提高人体的自我保护能力,不至于经常感冒或患其他居室病。当然,刚开始进行这种抗变锻炼时,居室温度的变化幅度应控制在3~5℃,半个月后,幅度可逐渐提高到6~10℃。温度变化也不要太突然,而是要平稳地提高或降低。调节室温的方法主要有两种:一是工具调节,主要调节工具有空调、取暖器、加湿器等等;二是自然调节(即所谓的空气浴),通过开闭门窗,让室外空气和阳光进行室内温度调节。其实,在变化温度的同时,常常也伴有湿度、阳光和空气流动(风)的变化,这种居室小气候的变化无疑对身体健康都是有益处的。

(原载《气象知识》1997年第1期)

气象与出行

四季垂钓经验谈

◎ 胡启山

垂钓,作为一种有益的体育活动,着实令人陶然和惬意。"严陵不从万乘游,归卧空山钓碧流";"一尺鲈鱼新钓得,儿孙吹火荻花中"。无怪乎自古诗人垂钓出好诗。

虽然大多"钓翁之意不在鱼",然而有心垂钓者,在"柳荫下面一竿垂,斜风细雨不思归"的乐趣中,谁不愿意有出色的钓绩。半日垂钓,满载而归,何乐不为?对此,凡有"钓龄"的"烟波钓徒",大都有一套因时因地的"四季垂钓"经验。故他们无论在什么季节,皆"下钓有获"。总结他们的秘诀,可以用"春钓滩、夏钓荫、秋钓潭、冬钓阳"这句谚语来概括。

一曰春钓 春季水暖花开,水温由冷变暖,当水温升到15℃以上时,进入鱼类繁殖旺季。"三月三,虾米鱼弄奔浅滩"。这是为什么呢?因为浅滩还有水草茂密处,是鱼类繁殖的最好处所。水草处有利于鱼类隐蔽躲藏,而浅滩大多光照足,水温高,含氧充足。加之处于繁殖时期的鱼类需要补充大量养料,所以一般食量大,觅食要求迫切,而浅水区动植物性的食物较多,可以满足鱼生殖时期的需要。根据这些特点,春季选择在浅滩或水草茂密处多投放些饵料下钩,鱼儿极易上钩。这也就是所谓"春钓滩"的道理所在。

二曰夏钓 夏天溽暑如蒸,水体中上层和终日接受阳光照射的水面，一般在 30℃ 以上，温度较高。因此，鱼类不仅活动量减小，摄食和觅食变得迟钝，而且大多集中栖息在没有阳光直射的水潭和有树荫掩映的水层里。可见，夏钓择于气爽水凉处为佳。故民谚有"夏钓荫"之说法。

三曰秋钓　时入秋季，天高气爽，气温和水温均开始由高变低，鱼类开始活跃起来，进入钓鱼的黄金季节。同时，秋季鱼类进入迅速长膘和贮备养分的时期，故食量增大，觅食力强，对饵料十分敏感。虽然如此，但由于秋季水体温度发生了变化，通常上凉下暖，故鱼群喜欢潜入深层活动。因此，秋钓以选择在深水处最好，这也是民谚"秋钓潭"之真诀。

四曰冬钓　一般而言，冬季是钓鱼的淡季，不过"破冰垂钓"也不乏先例，"独钓寒江雪"又另有一番乐趣。为何冬钓不及他时呢？这主要是由于冬季寒冷，鱼类的生理代谢作用缓慢，活动力弱，摄食量少，有的甚至潜入淤泥越冬。但根据冬季气候和鱼类活动特点，改变垂钓的策略，也是会有收效的。冬钓以选择于气温高的晴天和背北向阳处为最佳。这亦为民谚"冬钓阳"之内涵。此外，冬钓还应注意四点，即"多设点，少投饵、勤下钓，快揭竿（指一旦触钩，即刻提竿）"。

当然，垂钓除了因不同季节制宜之外，同一季节不同的天气，对垂钓的效果也有很大的影响。故民谚还有"冬钓午，夏钓霞，春秋全日不归家"的说法。总的说来，凡水暖花开、风和日丽、碧波荡漾；或清风细雨、久雨放晴的天气，均不失为垂钓良时。

（原载《气象知识》1995 年第 1 期）

在旅途的列车上你会保养自己吗

◎ 袁长焕

客运列车的小气候环境与居室有很大不同。尤其是在每年春节前后的 1—3 月以及炎热的 6—8 月，由于列车超员，小气候更加恶劣，因此在旅途中，注意保健，尤为重要。

不利的列车小气候

过分拥挤 在春运高峰期，列车常常严重超员。据研究，过分的拥挤使空气难以流通，使人血压升高，胸闷、心情烦躁。有人曾做过这样一个实验：让许多小学生拥挤在狭小的地方上课或活动，不到一个星期，连平日温文尔雅的学生也慢慢变得浮躁起来。

污染严重 由于列车超员，人员密度大增，空气必然会污浊。假如一个旅客每小时呼出 CO_2 30 升，车厢载员 300 人，每小时共呼出 CO_2 9000 升，而 CO_2 的浓度超过车内空气的 0.2%，就会令人头晕、目眩、烦躁不安。除此之外，车厢内空气中的 CO、NO_2、SO_2 以及各种有机醛类也可能超标。上述有害气体共同作用，致使列车内空气中的负氧离子大大减少。有人做过测算，在拥挤的车厢内，空气中的负氧离子每立方厘米几十个，而要使人心情舒畅，必须每立方厘米上千个。在负氧离子稀少的情况下，时间一长，便会引起思维混乱。

噪音超标 来自火车的机械摩擦、撞击声，以及人群的喧哗声，通常大于65分贝（正常范围上限），这能使人心率加快，情绪不安。

温湿比例失调 冬季，寒冷的天气可使大脑皮层的正常功能失调，引起下丘脑、植物性神经系统功能紊乱。据测定，冬季车厢内的气温一般不超过12℃，而相对湿度常常高于70%，这会使人感到阴冷潮湿；夏天，车厢外烈日炎炎，车厢内的温度常常要比车厢外高出3~5℃，而相对湿度又在70%以上，人在这样的环境里，不但会闷热难忍，头昏脑胀，而且还特别容易发生中暑。

饮食休息不规律 由于列车上旅客拥挤，乘务员无法正常供应食品和开水，这对于疲倦的长途旅客来说，可谓雪上加霜。实验证明：体内一旦失水超过体重的6%，就会出现心慌，产生幻觉。由于车上拥挤、噪音干扰以及人们的防盗意识，都会使人无法正常入睡。

保健措施

启程前做好充分准备 可适当备一些食品、饮料上路，计划好行程，年老体弱者最好购买卧铺票，行前要充分休息，有病史者应随身带些应急药物，最好与人结伴同行，这样既可在途中相互照应，又可避免旅途中出现焦虑。

旅途中注意冷暖 首先应带足衣物。我国地域辽阔，气候复杂多变，地跨寒带、温带、亚热带、热带。例如，一个人12月份从广州到哈尔滨去旅行。广州12月份的平均气温仍在15.2℃以上，单衣单裤足矣；而到了武汉、郑州等地，12月的平均气温仅为1.7℃、5.4℃了，最低气温也可达零下几度，要穿毛衣、毛裤才不会冷；到北京的时候，

12月的平均气温已降至-2.7℃,最低气温在-10℃以下了要穿上棉衣、棉裤了,到了冰城哈尔滨,气温已达-20℃以下了,人们要穿皮衣、皮裤、皮帽、皮鞋才可过冬。因此,冬天从南方到北方去旅行,要准备足够的服装才行。

注意定时饮食、入睡 不少人因怕麻烦或担心在列车上如厕困难,尽量控制自己少吃、少喝。其实,长时间乘车比平时消耗的能量要大,少吃、少喝容易产生疲劳。因此,乘车时必须和平时一样定时吃、喝、睡。此外,有的人在卧铺上睡觉时,为图安静,把头朝里睡,这是不科学的。因为车轮与钢轨之间产生的撞击会沿着车厢壁向上传导,其震动力较走道要大。不仅如此,这种睡法使头部与车厢壁相碰的机会也较多。

旅客要互助 旅客们要保持车上的卫生环境,发扬互助、互谅、互让的精神。如车上出现病人,应及时向乘务员报告,从医者或带有药品者应鼎力相助。

保持愉快的情绪 忧郁和寂寞对人不利。在旅途中,不妨与旅友玩玩扑克、下下棋,或与旅友适当交谈,中途停站下车休息,呼吸新鲜空气,主动排解旅途的寂寞。

(原载《气象知识》1997年第5期)

眼睛·寒冷·流泪

◎ 霍寿喜

许多人的耳朵和鼻子在寒冷的季节里都容易生冻疮，而所有人的眼睛对寒冷却无所畏惧。

眼睛为什么不怕冷呢？首先得解释一个人为什么会感觉到冷。人体体表不均匀地分布着许多可以感受到冷暖变化的感受器（也称"冷点"和"热点"）。一般来说，冷点要比热点多。当外界温度下降时，皮肤温度也随之下降，这样就刺激了表皮的冷点，冷点再通过神经系统传递给大脑，从而使人感觉到冷。人的眼睛是由眼球、眼结膜和眼睑皮肤组成的，眼球的角膜、巩膜和体内器官的表面一样，根本没有冷热感受器，而结膜和眼睑皮肤上的冷点和热点也很少。所以，当外界温度变化时，没有什么感受器向大脑报告，眼睛对冷热变化的感受就极为迟钝。当然，眼睛之所以不怕冷，还因为眼睑不断开合、眼球不断转动，从而产生丰富的热量，即使数九寒天，眼球表面的温度也都在10℃以上。

眼睛既然不怕冷，那为什么冷风拂面会使人流泪呢？这就需要从眼睛的泪器结构上找原因了。每个人的眼睛都有一套精致的泪器，它包括泪腺、泪小点、泪小管、泪囊和鼻泪管几个部分。位于眼眶外上方的泪腺分泌的泪液，流在眼睛的角膜和结膜上，能起到保护眼睛的作用。这之后，泪液通过眼睛内侧的泪小点，依次流进泪小管、泪囊、鼻泪管，最后进入鼻腔。一般情况下，泪液分泌很少，不会感觉到鼻腔里有泪液

存在，只是情绪受到刺激后，泪液分泌大增，人们才感受到"一把鼻涕，一把眼泪"。由于泪小管和鼻泪管都很细，当冷风拂面时，寒冷会刺激眼睛，使本来就很细的泪小管和鼻泪管收缩，从而导致泪管阻塞，泪液便无法从正常的途径流走，于是便"夺眶而出"。但过一会儿，泪小管和鼻泪管适应了寒冷的刺激，收缩就会停止，流泪的现象就会消失。所以，"迎风流泪"并不是眼睛的冷点对温度的直接感受，而是泪器适应寒冷的一种短暂生理反应。

（原载《气象知识》2000 年第 1 期）

气象与摄影

怎样拍摄雾凇和雨凇

◎ 苏 茂

雾凇,俗称树挂。它洁白、晶莹,千姿百态,是人们比较熟悉的冬景之一。

雾凇是在气温低于0℃且又有雾的情况下形成的,当雾中的温度低于0℃时,雾中的水滴(或水汽)就会冻结(或凝华)在暴露于雾中的物体之上,如树枝、树叶、野草、电线、建筑物的突出面等。

北方的冬天气温经常在零下十几摄氏度,只要有稀薄的雾即可形成雾凇。例如我国吉林市松花江畔的树挂就非常有特色。这种雾凇由冰晶组成,气象学上称作晶状雾凇。厚度一般不大,质地松脆,日出后或有风的情况下,雾凇就很快融化或脱落。

江南一带的冬季,当气温低于0℃,且又有较浓的雾时,也会出现雾凇。这种由雾滴冻结而成的雾凇,叫粒状雾凇。这种雾凇结构比较紧密。我国南方一些高山上冬季最常见的树挂就是这种。一次冷空气入侵后,山上的雾凇可以维持数日,甚至数十日而不会掉落。其厚度有时可

雾凇

达几十厘米。

雾凇是由冻结的水滴或凝华的冰晶厚厚地堆积在物体上的，因此，物体的色调、质地、大小和形状都已失去了它原来的面目，从而改变了景物的情趣和气氛。比如，冬季的落叶树，枝条光秃，景象凄凉。然而，一旦有雾凇附在树枝上，光秃的枝条顿时变得洁白、晶莹、粗壮，原来那萧瑟的景象没有了，呈现出"千树万树梨花开"的生机。

雾凇在色调、亮度、质感、气氛等方面都具有雪的特点。因此，在拍摄角度、拍摄时机、光照方向、背景的处理、曝光量的选择等方面，都雷同于雪的拍摄。

雾凇最大的特点是生长在物体的迎风面上。因此，在有雾凇的天气里，景物迎风面的色调和形状被改变了，而没有雾凇的背风面，基本上还保持着原来的色调，使景物仍然有着鲜明的色调对比和明暗反差。雾凇的这一特点决定了我们的拍摄角度。如果把物体的迎风面（即雾凇的生长面）看成是正面的话，那么，拍摄角度宜选择在物体的侧面。从侧

面看景物,就会发现白色晶莹的雾凇勾画出景物的轮廓,就像是在景物的外缘镶上了一层白玉般的装饰物,结构新颖,层次丰富,对比鲜明,主体感强。如果处理得当,就可以拍摄出一些高调、国画式的或者浮雕式的照片来。

雾凇的拍摄时机宜早勿晚,就一日而言,早上气温低,雾凇不会融化,晨光柔和,使景物的主体感强。就一个天气过程而言,天气刚放晴时蓝天如洗,雾凇洁白、新鲜、质感强。时间一长,风蚀作用和空气的增温都会影响雾凇的存在状态。

阴天,雾凇的影调平淡。应该避开灰色的天空,选用深色景物作背景。

被雾凇装饰的景物,形态异常优美,特别是树木花草,更是千姿百态,妩媚动人。可以用比拟的手法来表现它们,也可以用这些琼枝玉叶作为画面的前景,美化构图,衬托主体,渲染环境气氛。

雨凇的拍摄

雨凇,俗称冰凌,常见于南方的初冬和初春时节。当云中的雨水下落到冷地面(此时地面的温度须在0℃以下)时,雨水会在地面上和地面物体上冻结成一层透明或半透明的冰层,装饰着景物,使景物变成一个"千崖冰玉里,万峰水晶中"的琉璃世界。

雨凇天气里,由于地面上冻结有一层冰,人们的户外活动受到一些限制,行走困难,交通中断。正是在这样的气候环境中,人们的户外活动才有别于正常天气下的活动,拍摄者亦可在这样的特定环境中,捕捉到一些有趣的题材,拍摄出一些富有情趣和生活气息的好作品来。

雨凇是在雨水碰到地面物体时慢慢冻结的,因此,它会像一串串晶

雨凇

莹闪亮的珍珠挂在树枝上、电线上和别的物体上，冰的质感尤为鲜明。在逆光下，这些悬挂的冰珠像一颗颗明亮的星星在闪闪发光，如果所处的角度得当，这些闪烁的"星星"会有各种不同的颜色，加用星光镜拍摄，会得到五彩缤纷的效果。若将这些不计其数的光亮点放在焦距之外，还会得到许多六角形或圆形的光斑。以上这些现象，都可以当做画面的背景或前景来加以运用，使拍摄出来的照片具有特殊的神秘色彩，从而引起读者的种种遐想，给人以美的感受。

冰瀑、冰剑、冰帘的拍摄

"树色空中断，泉声无半闻"，这是诗人对冬季景色极其形象的描绘。前半句写的是树上的积雪和雾凇现象；后半句点出了冬季瀑布、泉水、溪流的状态。严冬时节，昔日的流水冻结成了不能流动的冰了，泉

水的叮咚声也因此而消失。就连那些规模不大从高处奔泻的小瀑布也变成了一条条、一挂挂悬空的冰柱。从形象的角度出发，我们不妨给它取个名字，叫冰瀑。由于冰瀑是在水的流动过程中慢慢地冻结而成，因此，它具有乳白的色调和珍珠碎玉般的形态。有时，在这些成串成条的冰柱之间，还有股股尚未冻结的水在流动，从而构成冰与水共存，固与流相间，具有特殊韵味的摄影素材。拍摄时，仍应采用慢速度把流水的动感表现出来。

那些规模宏大、永不冻结的瀑布，进入严冬时节后，瀑布所溅起的水花也会在地面上冻结成一些水晶般的冰堆。摄影者完全可以利用这些形态优美、造型别致的冰堆，为自己的摄影作品增色添辉。

除此之外，冬寒还为我们造就了另一批神奇的自然景观，比如，从岩石中渗出的地下水遇冷后冻结成条条凌空倒挂的冰挂，这些冰柱上粗下尖，如刀似剑，称之为"冰剑"；房屋的屋檐下，因雨水或雪水下流冻结成一排排整齐的冰条，如帘似幔，称之为"冰帘"；水汽在玻璃窗上结成各种美丽的图案，称之为"冰窗花"……这些寒冷气候下的产物，一方面传达着冬天的信息，反映出滴水成冰的气候特征，另一方面又以它们那迷人的色泽和优美的造型，装点着大地，美化着景物。若将这些自然现象反映在摄影作品中，不但能够表现出作品的气候，揭示出环境气氛，还能有助于构图的完整和生动，增加画面的形式美。

（原载《气象知识》1986年第1期）

怎样拍摄云海

◎ 苏 茂

云海是大自然壮丽的景色之一。穿过云层,在云层之上观看云的顶部,但见"云之在下,真同浪海""如舟行大海,四面波涛"。若遇日出日落,那红日、霞光、云波、峰峦将构成一幅妙趣横生、情意盎然的图画,仿佛进入了气势磅礴的意境之中,使人心旷神怡,如醉如痴。真是"妙在非海,而又似海"。

黄龙云海

云海是云层顶部起伏之状,要拍摄它,拍摄者必须穿过云的上限,立于云层之上。拍摄云海多在高山上进行。飞机在云上飞行,也可见到烟波浩渺的云涛,但由于受种种条件的限制,拍摄它有许多不便之处。

我国的一些名山上,如黄山、庐山、衡山、泰山、峨眉山等,都有丰富的云海资源。云海在这些山上被视为一大奇观,供游人观赏,为艺术家们提供创作的素材。许多以云海为题材的摄影作品,大都出自于这些名山。

在高山上看到的云海,大都发生在离地面几百米到一两千米的空间范围内,属于低云之列。组成云海的云最常见的是层积云,其次是层云、碎层云、淡积云群。凡是在高出这些云层的山峰上都可看到云海。可以说,多低云的季节也就是多云海的季节。就我国长江流域而言,云海多发生在春季、夏初、深秋和冬季。其中以春季最多,冬季次之。但初夏出现的云海壮观,深秋出现的云海稳定。

云海常出现在雨后。每当雨后天气即将转晴时,在平地上看来,天空为阴云密布;若登山进入云中,又为大雾迷漫;一旦穿过云层,则是蓝天当空,红日当头,俯瞰下界,乃为茫茫云海。因此,拍摄云海一定要注意季节,掌握好天气,选择好地形。

在不同的光位(顺光、侧光、逆光)和不同的光角(低角度光、顶光等)下,云海所表现出的形态和气氛将大不一样。根据太阳光线的照射方位和照射角度,可将云海分为两种类型。

一种是逆光型云海。在太阳光的低角度逆射下,云海才能具有丰富的光影、线条、色彩、云波层次和起伏翻滚的动态,使景物的纵深感得到充分的表现。这种低角度的逆光,只出现在早上和傍晚。

最能表现云海"妙在非海,而又似海"意境的,是日出云海和日落云海。晨曦中,一轮红日从云海中喷薄而出,顷刻,红霞如染,万顷云涛烘托着蒸蒸而升的红日，滔滔云浪在大逆光下被勾画出条条金边，如水面粼粼波光，气势宏伟壮观。此时，包括天空在内的整个景物光线反差强，色调范围大，气氛浓厚。无论用黑白片拍摄或用彩色片拍摄，都能收到一定的艺术效果。日落云海的情形同日出云海大致相同，只是光线、色调和景物状况的变化顺序同日出云海相反。

另一种是非逆光型云海。非逆光型云海包括以下三种情况：顺光下的云海；顶光（指太阳处于较高角度时的光照）下的云海；因上空有一层云造成的阴天或昙天时的散射光下的云海。

非逆光下，云海的波峰浪谷受光均匀，色调相同，影调均一，致使云层上的波纹层次显现不出来，看不出波涛翻滚的动感。此时拍摄的云海照片，画面上将是白茫茫一片，云与天的界限不分明，平淡而无生气。此种情况下，应该避免去表现大的云海场面，宜借助于一些山峦峰石作为衬托去表现云海的局部状况。

云海平铺在崇山峻岭之中，必然有一些山峰露出云面，像岛屿，像船舰。白色无层次的云海穿插在这些峰峦之间，使其浓淡相间，远近不一。用山峰来衬托云海，可以增加景物的层次结构和色调对比，勾画出云波的动态，突出景物的空间感。因此，在非逆光下拍摄云海，宜选择那些山峰多，峰间距离小的地段，依托于显露在云上的峰峦，将云与山巧妙地糅合在一起。

静态的云海也很美，美得像沉睡的海和幽静的高峡平湖。宁静的云海里，浮着绿岛般的山峦，云是洁白而宁静的，山峰是清新而翠绿的，调子清雅，好似在蓬莱阁上观看浮在渤海里的长山列岛，呈现出一种超然静美的意境，具有另一种格调的云海风光。平静的云海多半出现在云海上空还有一层云的情况下，时间多在早晨。

云海多在夜间生成。在夜间到清晨这段时间内，云海稳定，"海面"比较平静，上下起伏不大，波纹结构细腻。一旦太阳出山云海升

高，地面和山坡逐渐受热增温，云海的稳定将处在被破坏的状态。大约到了上午9时左右，整个云层就会有明显的周期性上升和下落。随着云海的上升和下落，那有规则的层层云波就会慢慢地消失。此时，"海面"变得破碎不堪，云已不成"海"了。一般情况下，云海在中午前后都会消散，但秋冬季节的云海有时可以维持一两天而不消。

日出以后，当云海的稳定性遭到破坏时，随着云层的周期性起落，云浪相对山坡也有周期性的涌退现象：云浪涌来，拍岸生花，酷似海水拍击岸边礁石时激起的浪花。云海的这一现象，使我们在云层被破坏后仍然有可能拍摄到以云海为题材的自然风光，但是必须注意两点，一是选择好为云浪作依托的山形；二是掌握好拍摄时机。

云海在多层次的斜向山坡上具有理想的造型。斜向的山脊纵深层次越多，越能表现"海岸线"的蜿蜒曲折，景物的空间感也强。

云海起落涌退的周期一般为几分钟到十几分钟。因此，云浪依附在山坡上的形态是处在不停的变化之中。云海涌退到什么位置云浪的造型最佳、云与山的比例最合适，这就需要拍摄者在现场仔细观察后选定了。

（原载《气象知识》1986年第3期）

怎样拍摄雨景

◎ 苏 茂

　　雨是一种常见的天气现象，也是自然景观之一。雨天虽然给摄影活动带来许多麻烦，但是，阴雨的天气并不一定破坏摄影作品的情趣，有时甚至还能获得一些意外的效果，给照片增添某些特殊的气氛，难怪一些风光摄影家对雨景的拍摄表现出相当浓厚的兴趣。

　　气象学上对雨的分类大致有两种：一是按照雨强的大小把雨分为小雨、中雨、大雨、暴雨、大暴雨、特大暴雨等；一是根据雨滴降落状况分为毛毛雨、连续性雨、间歇性雨和阵雨。雨季中多半是连续性雨，夏天则多雷阵雨。通常我们可以采取直接和间接两种形式去表现雨景。

　　雨滴的下落速度远远大于雪花的下落速度。比如，直径为1毫米的雨滴其下落速度可达4米/秒左右；直径为3毫米的雨滴其下落速度可达8米/秒左右。要将雨滴以线条形状拍摄在照片上，只需1/60秒的快门速度就足够了。但是，必须选择一个较为深色的背景，如山峰、树林、庭院、楼房等，方能将明亮的雨丝清晰地衬托出来。绝不要用天空来作背景，因为下雨时，天空中布满了铅灰色的低云，雨滴的亮度和色调基本上接近天空中云的亮度和色调，倘若用云层作背景，一条条雨丝就无法从照片上分辨出来。

　　拍摄雨丝时，雨滴的密度不宜太大。倾盆大雨中由于雨滴高度密集，在照片上画出的雨线就会相互重叠，结果什么也看不见了。

　　最好是现场有一定的风速，使雨滴不是垂直地下落，而是斜飘着落

下,这样拍摄出来的雨丝倾斜地穿过画面,既有线条美,又有明显的动感,能较好地表现出风飘飘雨潇潇的气氛和意境。

绵绵春雨是风光摄影的好题材。春季,水汽丰富,空气中湿度较大,下雨时,近地面的空气中往往会产生一层轻雾。霏霏雨,蒙蒙雾,楼台烟雨,山色空濛,衬着条条雨丝,扑朔迷离,可使照片具有一种神奇的朦胧美,最富有诗情画意。

夏天雷雨时,天空中乌云翻滚,地面上狂风大作,从雷雨云中降下的雨滴其直径一般都比较大,所以,在画面上画出的雨线尤为明显。由于雷雨的范围一般不大,移动的速度也快,有时太阳光可以从云的边缘或者从云缝之中斜射下来,使这一部分空间里下落的雨滴在逆光下呈现出晶莹的质感。倘若我们将天空中的滚滚浓云、地面上摇动的树枝、云中下落的雨线、雨滴打在地面上溅起的白色水花,以及处在雨中的地面景物等巧妙地糅合成一体,就能拍摄出一幅暴风骤雨的壮美图画。

雷雨中拍摄雨景宜选在雷雨过程的初始阶段和结尾阶段,或者间歇阶段进行。

有时,雷雨并不下在拍摄点,而是下在拍摄点附近的某一个方向。由拍摄点看去,可以看到高耸的雷雨云体和从云底飘垂下来的一束或数束雨迹,好像云下拖着一条巨大的尾巴。如果雨是下在山区或丘陵地带,以山雨的题材去拍摄,即可表现出"山雨欲来""这山日头那山雨"的意境。

另外,发生在下午或傍晚的雷雨,当雷雨结束时或结束后,天空中有可能出现五彩缤纷的彩虹和美丽迷人的晚霞,这些都是风光摄影者爱不释手的自然景观。

间接表现雨景的方法很多。

人们在雨中的劳动是非常感人的,特别是防洪抢险时人们那种忘我的战斗精神更值得摄影者去表现。阴云密布的天空,雨刷刷地下个不停,泥泞的道路、凶猛的洪水,衬托着全身湿淋的英雄们……这样的摄影镜头既塑造了生动的人物形象，又描绘了浓厚的环境气氛，给读者以教育、启迪和壮美的感受。

人们在雨中的活动也是很有趣的，穿着雨衣的骑车者、来去匆匆的撑伞人、五颜六色的雨伞、马路上奇形怪状的倒影、汽车驶过时溅起的水花、人们跨越水洼时的动作等等都是间接表现雨景的好素材，而且这些素材能大大地增加雨景的创作画面，使拍摄出来的照片别开生面，情趣盎然。

不论是开阔的河湖水面，还是池塘溪沟，甚至是街道上的积水，雨滴打在这些水面上，都会激起密密麻麻的小白点和小白圈，打破了水面的平静与沉闷，使景物静中有动，也可间接地表现出下雨的情景。

下雨时，雨水淋湿了地面上光滑的物体，如建筑物、公路、街道、汽车等，使这些物体的表面增添一层闪烁的、明净的、美妙的光泽，从而产生一种独特的雨景效果。雨水也给草木树叶增加一层淡淡的像清漆一样的光泽，"一霎雨添新绿"，潮湿提高了色彩的鲜艳度，使植物的枝叶更形碧绿。雨水还给植物的枝头、叶尖、花瓣挂上一颗颗晶莹剔透的水珠，使景物产生"雨露滋润"的情趣和意境。古人有"雨后牡丹春睡浓"的诗句，就是描绘牡丹在春雨以后分外妖娆之状。将这些雨中情景摄入画面，同样能起到描绘雨景的好效果。

下雨时，在室内透过雨水淋花了的玻璃窗拍摄室外的雨景，窗外的情景也许处在模糊朦胧的状态，但是，顺着玻璃窗下流的雨水给人的直观印象却是相当强烈的。

雨中摄影特别要注意保护好照相机，切莫让雨水落在镜头上和相机上。镜头前加上一个遮光罩能够比较有效地挡住雨水落入镜头，自然，适当的雨具也是必不可少的。

（原载《气象知识》1986年第4期）

怎样拍摄霞景

◎ 苏 茂

日出日落前后,包括天空在内的景物,光线反差大,光影效果强烈,色调范围也广,气氛浓郁浑厚,意境开阔,是风光摄影者大显身手的时候。日出和日落这一自然现象,是一个光的强度和色彩的递变过程,这一过程可以分为两个阶段:日出前的早霞和日落后的晚霞为一阶段;旭日东升过程和夕阳西下过程为另一阶段。本文只介绍早霞和晚霞的拍摄。

黎明或黄昏,当地平线以下的太阳光穿过深厚的大气层时,被大气层中空气分子和悬浮物(微尘和水汽等)有选择性地折射、散射和吸收,损失掉一部分颜色的光波,天空中剩余下来的另一部分色光就构成了独特的天空色彩,使太阳所在方向的那部分天空出现一幅呈扇形的美妙景象,这一景象就是"霞",俗称为"彩霞"。发生在黎明时的霞称为早霞或朝霞;发生在黄昏时的霞称之为晚霞。早晚霞时,天空中若有云存在,云被霞光一染而成彩色的云,故人们又称之为"云霞"。

霞是相当丰富多彩而又变化万千的。其颜色的成分和浓淡同空气中水汽含量、微尘的大小和多少,天空中云的类型、云的高度、云的多少等有关。一般说来,早霞和晚霞多呈红色、橙色、黄色和紫色,故有"红霞""红光""残红""绯""丹气""金光""紫气"等之说。霞景多呈暖色调，且色温偏低。

早晚霞期间。天空中的亮度和颜色分布并不是均匀一致的，它往往是以太阳的所在方位开始，向相对一面的天空逐渐变淡。

早晚霞时，光线的强度、色调、色温以及环境气氛等，不但在空间范围内跨度大，而且变化也在瞬息之间，几乎每一分钟都有显著的不同。

拍摄霞景的基本要点，是要抓住地平线下的太阳光对地面景物、天空、浮云在颜色、影调、气氛和情趣等方面所造成的特殊效果。

充分利用天空中的云景

霞光中，云色绚丽，它们多半呈红色、橙红色、紫红色、黄色等暖的色调。不同的云又有不同的色调结构。高而薄的云几乎全云都是一个色调；低而比较厚的云其色彩多出现在云的底部。早霞的彩云中紫色的成分居多；晚霞的彩云中橙色的成分居多。因此，拍摄霞景最好选择太阳所在方位的天空中有适量的云时进行。下半夜或接近傍晚时雨停天气转好留下的残云最适合拍摄霞景，此时云的形态和空气中丰富的水汽都能构成异常美丽动人的霞景。有云彩的霞景即使拍摄黑白片，也同样能够得到较为理想的效果。

安排好地面景物

早晚霞中，地面景物光线暗淡，在画面中只能表现出物体轮廓线条的剪影。因此，宜选用比较高大突出的地面景物作前景。

寻求天空中奇异的光影效果

早晚霞期间，当从地平线下发出的太阳光被一些山岭或云块阻挡时，天空中就会被分割出一条条的阴影，形成道道深蓝色辐射状的光芒，呈现出万道霞光的壮丽景象，从而给只有色阶变化的天空增添一些富有美感的光影线条，使霞景变得更加瑰丽，更加灿烂，犹如锦上添花。抓住这一特色进行拍摄，就会使你的霞景照片独具一格，引人入胜。

选好拍摄地点和抓好拍摄时机

沿海地区、我国南方以及城市工矿区，由于空气中的水汽或杂质多，彩霞特别鲜艳；尤其是雨后天气转晴，彩霞格外绮丽；夏天大气中的对流作用使空气中杂质增多，彩霞比其他季节更加悦目。

早晚霞存在的时间并不长，能供拍摄的时间大约只有几分钟。因此，拍摄时机的选择尤为重要。过早了，天空的颜色还未全部显现出来；太晚了，太阳接近地平线，天空亮度大增，色彩也就减退了（晚霞与此相反）。为了获取最佳的霞景效果，简单而行之有效的办法是每隔1~2分钟拍摄一张，从中选取效果最好的。

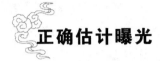 **正确估计曝光**

一般拍摄霞景的通病是曝光过度。人们认为，早晚太阳尚在地平线以下，地面光线很暗，天空的亮度也不如白天，必须用慢速度和大光圈拍摄。其实，早晚地面上的光线固然很暗，可是我们拍摄的对象是霞景而不是地面景物，是被太阳光照亮的天空部分，而且还是太阳所在方位的天空部分。此时这部分天空或天空中的云彩亮度已不小了。所以，拍摄霞景应该按照太阳所在方位天空的平均亮度曝光。

在拍摄实践中，我们不可能将早晚霞和日出日落截然分开。

（原载《气象知识》1996年第5期）

黄山气候与摄影

◎ 黄高平

大家知道,风光摄影除了要求摄影者仔细研究自然景物的外形特征外,还要认真地观察四时变换给自然景观带来的种种影响。因此,为了取得黄山摄影的主动权,了解黄山的地貌、气象以及不同节令的景观特点,无疑是十分必要的。

黄山地处皖南山区,中心位置在东经118°09′,北纬30°08′。

黄山风景区

它的南面是徽州盆地，西北与九华山脉相连，东西方向是500米左右起伏不平的山地，黄山独立其中，恰像万山丛中嵌着一颗明珠，显得分外夺目。黄山山势呈东北—西南走向，现已开发的风景区约154平方千米，是黄山的精华部分。黄山境内屹立着成百座巍峨奇特的山峰，单是海拔在1500米以上的大峰不下30个，连同略低于这个高度的算在一起，黄山号称"72峰"。也就是说，这里平均每两个平方千米就有一座较大的山峰。

  黄山山峰虽然众多，但整体布局却严谨允当，妙趣天成。莲花峰、光明顶、天都峰是黄山的三大主峰，海拔都在1800米以上。它们像三尊顶天立地的柱石，鼎足而立，雄踞山体中央；其他千峰万壑，犹如星罗棋布，环伺在三大主峰周围，大小主次，搭配得十分巧妙，相映成趣，犹如天公巧设，赛过画卷。再则，这些大小山峰，风采各异，有的巍峨挺拔，云凝霄汉；有的山势孤立峻峭，犹如巨石削成；有的峰头态势活跃，玲珑剔透入胜。一句话，黄山峰峦竞秀，处处皆胜景。

  由于地理位置和海拔高度的不同，黄山温差较大：山麓温泉一带属亚热带气候，山腰云谷寺、玉屏楼一带可属温带气候，而山顶光明顶一带则近似寒带。所以，登山愈高，气温愈低。据观测：夏季登黄山，每垂直上升100米，气温下降约0.6℃。冬季，气温也是随着海拔的增加而逐渐降低的，但降低的幅度比夏季要小一些，一般每上升100米，气温下降0.3~0.4℃。在山脚温泉一带，夏季最热月7月份的月平均气温是24.9℃，冬季最冷月1月的月平均气温是1.7℃；而在山顶光明顶，7月份的月平均气温是17.6℃，1月份的月平均气温是-3.0℃。因此，就整个黄山而言，可以说是夏无酷暑，冬无严寒。

由于地理位置和海拔高度的影响，黄山降水量极为丰沛。以光明顶气象站资料为例，黄山全年降水量2395毫米，比南麓黟县要多708毫米，比北麓太平要多858毫米。黄山全年降水日数有183天，比黟县多24天，比太平多20天。黄山雨量在一年中的分配是1—9月多，10月至次年3月少。各季雨量占全年雨量的百分数分别是：夏季40%，春季32%，秋季17%，冬季11%。由此可见，黄山的确是个名副其实的"雨雾之山"。

黄山气候的垂直差异，使得黄山的春天从山脚至山顶徐徐而来，历时数月。春天的黄山，繁花似锦，幽雅静谧，美妙无比，是个奇葩荟萃的大花圃。如果你在春天来黄山摄影，无论你是利用登山攀岩的间隙，还是站在楼台亭阁之上，只要用手指架上一个取景框置于眼前，鲜花就会映入你的眼帘：那色彩鲜丽的是杜鹃花；那朵大洁白的是木兰花；那团团簇簇的是绣球花；那展翅欲飞的是蝴蝶花；那含珠带露的是兰草花……置身于花的海洋，你的相机也会带上花的温馨。

黄山的春色是十分迷人的。在山麓，春姑娘正穿着五光十色的锦裳，摇动着姹紫嫣红的双臂，一路撒着花瓣攀登座座山峰。伴着春天的脚步，你一定会拍摄到"霞披翠峰""云蒸山径""朝雾温馨""百鸟朝阳"的佳作。在山顶，由于雨水充沛，峰峦常在云雾缭绕之中，时晴时雨，忽阴忽明，待到雨后放晴时，你定会拍摄到那波涛汹涌、浪飞雪溅、惊涛拍岸、浩瀚无际的云海奇景。

黄山的夏天气候凉爽，是个理想的避暑胜地。当季节进入盛夏，骄阳似火、酷热难熬的时候，黄山仿佛春意正浓。每一座山峰，每一条溪流，每一幢精舍，每一个亭阁，甚至一草一木还留着春天的脚步。夏日的黄山，空气清新而又湿润，一扫山外平原地区那种干燥、沉闷之感。与其他季节相比，夏季云层较高，云海较难形成，对摄影来说是个淡季。但在暑天常有雷阵雨。每每雷雨过后，万千景物清晰如洗，煞是好看。

夏天还是拍摄黄山飞瀑流泉的黄金季节。每当大雨过后，那些数不清的飞瀑流泉，或倒挂于悬崖峭壁，或缭绕于林间沟溪。有的如苍莽直落的银龙，有的如轻飘而下的玉练，交相辉映，争相媲美。有时在阳光照耀下，闪亮的清泉与绿色的层林互为映衬，分外绮丽，给黄山的夏日带来了无限生机；有时在朝晖暮霭中，但见飞瀑与云雾齐飞，清溪共翠谷一色。令人触景生情，心旷神怡。

秋季的黄山，彩霞似锦，是拍摄日出日落和黄山云霞的理想季节。此时，万山红遍，层林尽染，给彩色摄影提供了广阔的天地。在这天高云淡，秋高气爽的季节里，如果你来黄山摄影，一路上除了可见那苍翠的峰峦、褐色的峭壁、常绿的青松等四季常存的景色外，最引你注目的就是那一株株高大的丹枫。黄山的丹枫，枝繁叶茂，有的挺立在悬崖峭壁旁，如覆盖着朵朵红云；有的散生在常绿林中，犹如绿茵上旌旗飘扬。在不少地方，它们生长得十分茂密，一树挨着一树，一片连着一片，数里之内竟没有半点空隙。在四周青绿颜色的烘托下，这巨大的枫林又像一个盛装颜料的调色板，将斑斓炫目的色彩呈现在你的眼前，使你目不暇接。

黄山的冬天是漫长的，在海拔 1600 米以上的山地，每年 9 月底或 10 月初，气温就已达到冬季标准。10 月下旬"霜降"节气一过，就有雨雪和冰冻天气出现。尤其是在春节前后，常有较大的降雪。这时整个黄山，冰天雪地，一派北国风光。如果你在雪中登山，你就会看到高处银装素裹，低处白絮成堆。远望雪峰摩天，银山重叠；近观玉树丛簇，一片素雅。尤其是那参天屹立的黄山松，冠顶

厚厚的积雪,身负冰凌的重压,像伞形的盾牌,抗击着风刀冰剑,巍然挺拔。而那飞瀑流泉,已变成了条条冰柱,垂挂于悬崖峭壁之上,造型别致,宛如进入童话般的世界。如此这般"江南北国"景色,摄入镜头,你一定会激动不已,心满意足。

(原载《气象知识》1993年第1期)

冬季美景巧入镜

◎ 童 翎

依据气候规律，每年冬季是降雪频繁的季节。尤其在北方，"雪压冬云白絮飞""山舞银蛇，原驰蜡象"的景致虽让人熟视无睹，但一些摄影爱好者却不愿错过这一大好良机。但要想成功地拍摄雪景，必须掌握一些方法。其中，对雪景和照片的分类、定位，是每个拍摄者必须掌握的基本方法和技巧。

精心分类拍雪景

首先要分清雪景的种类，因为不同的雪景，有不同的拍摄技巧。依据雪的形态，雪景可分为飘雪景观、积雪景观和风雪景观。拍摄飘雪时，应该选择雪团直径大且密度又较小的雪天，并用深色的背景（建筑物、街道、树林等）把雪团飘落轨迹衬托出来。拍摄积雪景观最需要注意的是准确的曝光，必须考虑许多复杂的因素，如天气的阴晴、时间的早晚、光照的方向和角度、雪的色泽和覆盖情况等。有经验的拍摄者，会在测光值的基础上大胆增加一些曝光量。此外，面对阳光和雪地，必须合理使用滤色镜。相对来说，拍摄风雪景观难度最大。大雪纷飞，北风呼啸，恶劣的环境令人生畏，但

也正是如此，倘若拍摄出在风雪交加的环境中工作的人们，无疑会增强作品的说服力和感染力。风雪的拍摄，若采用1/30秒的快门速度，则可拍出被风吹卷的雪花的流动感，从而突出作品画面的线条结构。

其次是依据拍摄目的，对雪景照片进行分类。不同种类的照片，拍摄侧重点应有所区别。第一种是单纯的雪景，即使有人物，也是雪景中的点缀、陪衬，人物在画面中位置很小。拍摄单纯的雪景最有利的时机与方法是：雪正在降落时，特别是在降鹅毛大雪时，用小一点的光圈，如用标准镜头可用 f/11 或用 f/16 的光圈，距离标尺放在5米以上。第二种是以雪（常常是"积雪"）为景，人物为主，雪与人物之间要有一定距离，雪的反光不能直接反射到人物的脸上或身上，这时形成人与雪的强烈对比。太阳斜射地面时，起伏不平的雪自身投下的阴影，会增加画面中雪的质感和量感。用彩色片拍雪景加用偏振镜，既能够调整天空的颜色，又可以消除反光和降低色温。因为雪天色温较高，会出现蓝色的影子。要尽可能用遮光罩，以防止杂乱的反射光进入镜头。第三种是人在雪（常常是"风雪"）中，雪的反射光可以反射到人物的身上或脸上。要选择在干雪中拍摄，注意光线角度和背景画面的搭配。

合理选择摄雾凇

雾凇，又称树凇、树挂、水汽花、冰花、雪柳，是空气中的雾水在树枝（或别的露天接触物）上冻结的产物。雾凇作为冬季的一种天气现象，在我国东北、西北地区以及一些高山地区每年都有可能出现，但一般受水汽、天气形势和地理条件的制约，大范围出现的几率不高,偶然性较大,往往可遇不可求。相比较而言,吉林市的雾凇则是一种"稳定的风景"。每逢寒冬季节,到东北旅游的中外游人,总会不约而同地赶赴松花江畔的吉林市,去观赏由雾凇营造的奇异世界。

雾凇因其千姿百态、晶莹玉洁、璀璨夺目而成为风光摄影爱好者喜爱的拍摄题材,但由于冬季气候和雾凇本身的一些特点,拍摄时必须注意以下几点:

首先要合理选择拍摄角度。往往景物的迎风面被白色的雾凇所覆盖,而背面则保持原有形态,与迎风面形成鲜明的色彩和对比的反差。这一特点决定着雾凇的最佳拍摄角度应选择在景物的侧面,这样,既看到了附在物体一侧的雾凇,又看到了另一侧没有雾凇的景物实体,于是效果就出来了:晶莹的雾凇清晰地勾画出景物的轮廓,如同给景物镶上银色的饰物,对比鲜明、层次丰富、立体感强。反之,如果随意选择角度,则景物色彩的层次、对比度和雾凇的质感就会削弱。看来,合理地选择拍摄角度对照片的效果影响很大。

其次要合理地选择太阳光线。雾凇是白色的,但雾凇随着光线的变化也是多姿多彩的。当太阳的笑脸快要露出的时候,天边渐渐显出一道由深入浅的橘红色,沉甸甸的雾凇宛如结满枝头的果实。雾凇在橘红的背景中是深灰色的,树下面的白色在自然光下呈蓝色。随着太阳的冉冉升起,雪原慢慢变得洁白无瑕,此时是拍摄雾凇的最佳时间,你可采用顺光、侧顺光,将洁白的玉树映在蓝天下,这是拍摄雾凇最简单、最传统的方法。在逆光下,雾凇是灰色的,如果加一个渐变红镜,配置合理的背景画面,也有可能取得意想不到的效果。

另外,就是合理选择拍摄背景。最理想的背景是蓝色的天空,

银白色的雾凇在蓝色天空的衬托下，色彩饱和、明快。但冬季阴雨雪天的几率也很大，有云的天空常常失去背景价值，这时就需要一个深暗的背景来衬托雾凇。有经验的摄影家还利用挂满雾凇的枝条作为前景，在一定程度上可以增加画面的层次和景深，从而达到改善拍摄效果的目的。当然，具体拍摄时还必须因地制宜，因天制宜。例如，在一些高山地区，在雾凇产生的同时也形成了积雪，这时可将雾凇景观和积雪景观并为一体，互相映衬地拍摄在同一个画面上，效果可能更令人满意。

最后，还要合理选择一些"硬件"。冬季气候寒冷，在雾凇的多产地东北更是如此。在室外 -20℃左右的低温下拍摄雾凇，最好选用机械快门的相机，因为在低温下，机械快门一般都能开启，而电子快门却容易出现故障。如有条件，带上一个三脚架和快门线就更理想了，这样拍出的照片质量高。此外，拍完雾凇后，一定要将相机放入摄影包内装好再进入室内，使相机渐渐适应室内温度，以免损害镜头。另外还要穿戴轻便保温的服装、鞋帽，选择一双雪地鞋或棉皮靴，打个绑腿也是必要的。

（原载《气象知识》2002 年第 6 期）

其他应用

电脑也知冷暖

◎ 霍寿喜

随着科学技术水平的日益提高,电脑的成本越来越低,电脑价格已降到工薪家庭能接受的水准。加之文化和消费观念的更新,电脑已越来越多地进入寻常百姓家庭。作为高科技产品的电脑,对于使用环境有一定的要求。在诸多环境因素中,气象因素对家用电脑的影响是最显著的。

温度 家用电脑的温度适宜范围较广,一般在0～35℃均可正常工作。但由于电脑长时间工作会产生热量,机内温度会上升,所以家用电脑的连续使用时间以不超过4小时为宜,超过4小时,中间应关机休息片刻,从而避免因热量难以散发造成的半导体材料老化、电路短路等故障。同样的原因,电脑应避免直接受阳光照射或空调口的热气喷射,也不应靠近暖气片、取暖器等热源。

湿度 电脑对空气湿度的要求相对较高,一般情况下,室内相对湿度应控制在40%～70%。湿度过大,会使电脑元件的接触性能变差,甚至被锈蚀,电脑也就容易产生硬件方面的故障。因此,在雨季应采取放置干燥剂和及时关闭门窗的办法,降低室内湿度。但湿度过低,则不利于机器内部随机动态存储器关机后存储电量的释放,也容易产生静电。故此,冬季在取暖的房间内使用电脑时,应注意增加房间的湿度,如使用加湿器、洒水蒸发增湿等等。为了避免因空气干燥引起的静电，电脑房间最好铺上防静电地毯（在编织过程中加入细金属丝的地毯）。

风和雷电　电脑需要良好的通风环境，在温、湿等气象条件适宜的前提下，房间应保持空气流通，但一定要保证灰尘不能随风而入。遇上雷电交加的恶劣天气，家用电脑最好不要使用。因为电脑不仅"害怕"雷击，甚至对雷电释放的静电也无抗拒能力，常常因为静电的破坏，电脑元件出现不容易查找的故障。电脑用户不仅要有建筑物避雷装置的保护，最好还要专门为电脑配上一个可防大气静电的消雷器。

　　注：家用电脑的适宜温度、湿度范围随品牌、机型不同而略有差别。

（原载《气象知识》1996年第6期）

保护书籍字画的气象学问

◎ 杨华安

随着人们居住条件的改善,在厅堂的布置上少不了挂几幅名人字画,为现代化家庭增添几分高雅、美观、豪华的气氛。然而,字画是怕热、怕光、怕湿、怕霉变且又怕虫蛀的文物。怎样利用气象科学地保护好书籍字画呢?

首先,平时要把书籍字画放置张挂在不受太阳光直射的地方。因为书籍字画一般都以纸、绢等为载体,日光中的紫外线会使纸、绢的纤维变质发脆造成损坏。所以,书籍字画应放置于蔽光、阴凉、干燥、清洁处妥善保存。

其次,当雨季到来之前,应将裸露于居室或悬挂于墙壁上的书籍与字画收拾起来妥善保藏。雨季过后,及时选择晴朗、干燥的天气,将书籍字画逐一展开或张挂,以便在通风中驱散潮气。若书画多,可以分期分批地进行敞晾,以便存放和完好保藏。

对居室里放置与张挂过的字画收藏前,一定要做好清洁工作,最好用丝绸质料的织物轻轻拂拭,掸去书籍字画表面的灰尘,防止把灰尘卷进字画轴头中引起发霉或污染。

贮藏书籍字画的箱子、柜子等器具的密封性能要好,应在箱柜的四个角内放几块樟脑精用以防虫。书籍字画要用牛皮纸包裹好后收藏。在阴雨天气或湿度大的日子里不要开启箱柜,更不应打开包裹好的书籍字画以防潮湿空气入侵。

对于新裱糊好的书画轴头切不可急于卷起装入箱柜,应待其晾干水分、散去潮气后再收藏。对于未曾裱过的字画,应在晴朗、干燥的天气条件下折叠好装入塑料薄膜口袋中,封好袋口,也是一种较好的保藏方法。

(原载《气象知识》1996 年第 5 期)

巧用天时防毒剂
——敌人在哪些气象条件下可能使用毒剂

◎ 张庆安

　　毒剂自第一次世界大战的 1915 年 4 月 22 日大规模用于战争以来，至今已有 60 多年的历史了。在这 60 多年中，侵略者几乎在每次战争中都使用毒剂。最近，越军在柬埔寨也经常使用毒剂。

　　侵略者是不是在任何气象条件下都可使用毒剂呢？不是的。毒剂必须在一定气象条件下才能使用。这是因为毒剂受气象条件的影响非常大。气象条件不仅影响毒剂的杀伤效果，而且还决定着毒剂能否使用。很明显，当敌人处于下风方向时，他们就不能使用毒剂。例如，1916 年 5 月的一天，德军在法国的香槟地区利用稳定的东北风（风速 2～5 米/秒），对法军施放毒剂，毒剂一直扩展到法军阵地纵深 25 千米，使法军遭受重大伤亡。四天之后，德军又施放毒气，因施放后风向突变，非但未使法军受到损失，反而使德军本身中毒死亡了很多人。

　　那么，究竟哪些气象条件下敌人可能使用毒剂呢？根据国外的有关资料和防化经验指出，敌人可能使用化学武器的气象条件是：

　　气温和地温较高　因为气温和地温太低时，毒剂挥发慢，染毒空气浓度低，杀伤作用小。特别是当温度低于毒剂凝固点时，毒剂将凝固，杀伤作用大大减小，甚至不能造成杀伤。例如，第二次世界大战中，德军于前苏联战场上所使用的一种装在炮弹中的催泪剂，就曾因气温太低，毒剂难以挥发，而未能对前苏军造成杀伤；气温高时，毒剂气化率高，有利于造成高浓度的染毒空气，弹药的消耗量也小。所以，美军在技术教范中指出：最有利的温度条件是 21.1℃，中等有利的温度条件为 4.4~21.1℃。可见掌握各种毒剂的凝固点和战区的温度情况，是判断敌人可能使用何种毒剂的条件之一。

大气稳定 当离地面 4 米高度以下气层为逆温（温度随高度增高而增加）或等温（温度随高度不变）时，低层大气为稳定状态，在这种气象条件下，施放毒剂后产生的毒剂云团，将贴近地面随风传播，扩散慢，浓度高，传播纵深远，杀伤的作用大。根据理论计算，一个炮兵营进行沙林毒剂弹袭击，若等温时的危害纵深为 1，则逆温时的危害纵深为等温的 4 倍，当大气处于不稳定状态（有对流发生）时，其危害纵深仅为等温情况下的 1/3。这说明，低层大气不稳定时，敌人使用毒剂的可能性很小。

敌处上风方向，且风向稳定，风速在 2~4 米/秒 近地面层的风向，决定着染毒空气团的传播方向。只有当风向稳定时，染毒空气团才能向预定方向传播。风速影响染毒空气团的浓度、作用时间和传播纵深。风速大时，毒剂挥发快，作用时间短，浓度小，传播不远就会失去杀伤作用。一般来说，风速增大一倍，危害纵深缩短一半。风速大于 6 米/秒时，不利于使用暂时性毒剂；风速超过 8~10 米/秒时，对于持久性毒剂也是不利的。风速太小（小于 1 米/秒）时，染毒空气团容易上升，危害纵深大大减小，伤害作用也就不大。而且风速太小时，风向往往多变，染毒空气团的传播方向不易掌握。美军的条令指出，有利的风速为 2.6 米/秒，中等有利的风速为 2.6~3.6 米/秒。

相对湿度小于 90%，无降水和大雾 因为空气湿度大时，会促使毒剂蒸气凝结、沉降和水解，从而使毒剂云团浓度下降，杀伤作用减小。当相对湿度达到 95% 以上时，能使沙林毒剂（神经性毒剂之一）

云团的危害纵深缩短30%。对于极易水解的毒剂（如光气）云团，当相对湿度大于75%时，就不能有效使用。当相对湿度大于90%时，沙林弹坑及附近再生毒剂云团作用时间仅3小时，但当相对湿度小于80%时，作用时间可达8小时以上。大雾和降雨雪的天气能将飘浮在空气中的毒剂微粒带到地面或冲走，使空气或地面的染毒浓度很快降低，从而大大降低化学武器的杀伤作用。因而在有大风、大雾和降雨雪的天气条件下，敌人使用化学武器的可能性很小。

使用毒剂的有利气象条件最易出现在暖季中的傍晚、夜间、拂晓或阴天的白昼。因此，这时我们要特别提高警惕，防止敌人实施毒剂袭击。

（原载《气象知识》1983年第5期）

前言 PREFACE

从遥远的古代开始,人们就对浩瀚、神秘的太空充满向往。他们仰望星空,编织着梦想,希望有朝一日能像鸟儿一样飞上蓝天、自由翱翔。可是,古人对飞行的认识是幼稚的、不完全的,所以他们的种种探险和尝试都是无法实现的。随着科学的发展,哥白尼、伽利略、牛顿等做出了伟大的贡献,架起了通往宇宙的天梯,使人类对太空和宇宙有了科学的认识。从此,人们开始小心翼翼地尝试着飞翔。

其实,鸟儿的飞翔中隐藏着很多你不知道的秘密。鸟儿总是在飞,或北归,或南迁,跋涉数千千米,经历重重险阻,所有的停留都只是一次驿站。我们从中看到了鸟儿和自然的关系,看到了自然和人类的关系。我们希望自己有一双飞鸟的翅膀,那样我们就可以俯瞰苍茫的大地;我们希望自己在飞翔的时候,所有我们欣赏并且祈祝的世界都是和善美满的。

本书将为你揭开不为人知的飞行秘密,从鸟类的飞行到动物世界里的另类飞行,从种子的飞行到人类的各种飞行尝试。你将会发现自然里各种生物的飞行智慧,还会发现人类的真正伟大之处:勇于尝试、敢于冒险!正是无数付出生命代价的冒险者和默默奉献的科学家们的无私付出,才实现了人类的腾飞!

本书共分5章:第一章探秘飞行,第二章鸟类的飞行,第三章另类的飞行,第四章种子的飞行,第五章人类的飞行。

Contents
目录 >>

第一章　探秘飞行

达·芬奇——研究飞行第一人 2
动物飞行的基本类型 3
鸟类飞行——可能从滑翔开始 5
鸟类飞行的秘密 6
鸟类的飞行方式 8
人类的飞天梦 13

第二章　鸟类的飞行

鸟的迁徙 22
鸟的飞行速度 25
飞行中的定位 26
鸟类中的飞行冠军 28
远距离飞行冠军——斑尾塍鹬 29
蜂鸟的飞行特技 31
灰雁的倒立飞行 33
鲣鸟的俯冲 35
鸟的飞姿 36

拍鸟绝技 37
鸵鸟不能飞 39
企鹅有翅不能飞 41

第三章 另类的飞行

点水的蜻蜓 46
丑陋的蝙蝠 48
蛇"飞"半空 51
腾飞的树蛇 53
飞行壁虎 54
能飞的树蛙 56
彩虹飞蜥 57
飞鱼的秘密 58
蝠鲼 61
会飞的鼠 63
猫猴 65

第四章 种子的飞行

种子的花样旅行 68
花朵的"智慧" 69
不能飞的"鸽子树" 80
能放炮的喷瓜 81
具"双翅"的中华槭 82
带刺的苍耳 83

弹射种子的凤仙花 84
幸运的酢浆草 86
蒲公英的"降落伞" 88
柳絮飞扬 90

第五章 人类的飞行

古人的飞翔幻想 94
飞机的诞生 99
宇宙中的第一颗人造卫星 104
第一位"太空人"加加林 110
奋起直追的水星飞船 114
成功的代价 116
"哥伦比亚"初试锋芒 121
"挑战者"后来居上 126
飞向月球的先锋 130
欲上九天揽明月 133
我们为和平而来 137
向同步轨道 141
太空中的华人 144
空天飞机 147

第一章
探秘飞行

千百年来，人类向往能和鸟儿一样在蓝天上翱翔。400多年前，达·芬奇根据对鸟的研究，设计了扑翼机。之后，为了模仿鸟类飞行，人类付出了极大的努力与牺牲，越是遥不可及，便越心生向往。德国著名的滑翔机专家奥托·李林塔尔、美国威尔伯·莱特和奥维尔·莱特兄弟等经过不懈的努力，遭到无数次的失败，有些人甚至献出了生命。那么，"飞行"真的是人类的奢望吗？人类到底能从鸟类的飞行中获得什么启示呢？

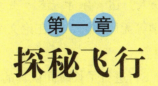

达·芬奇——研究飞行第一人

谁是研究飞行的第一人？达·芬奇。达·芬奇是一位博物学家，对数学、美术、工程、哲学等无所不通，他在论文《论鸟的飞行》中阐述了关于鸟的飞行的相关原理。

达·芬奇首先对鸟的飞行进行了长时间认真的观察和解剖研究。后来，他指出："鸟就是一架按照数学原理工作的机器。人有能力仿制这种机器，包括它的全部运动——尽管因为维持平衡的力还不充分，在发出的力量上并非同样的比例，因此我们可以说：人类可以制造这样一种机器——具有鸟各个方面的特征，唯独没有鸟的生命。"

达·芬奇正确地认识到了鸟扇扑翅膀的合成运动特征，认为应当分别模拟这些基本运动，或者说把具有复合功能的鸟的运动分解开来，分别实现。达·芬奇的另一个重大贡献是，他认为研究飞行问题除了研究飞鸟以外，还应当研究鸟的飞行环境。他认识到研究风力或空气动力对航空科学的重要意义，同时又阐明了空气动力学知识可以通过水动力学研究间接获得。这两个观点都非常具有现代意义。

1490年，他发明了"空气螺旋桨"。他在粗陋的螺旋桨状物体上扎上羽毛，做成一个能飞的小直升机模型。他正确推论是空气流过鸟的翅膀才产生了升力，而且气流流过的速度越快、升力越大，但是达·芬奇仍然受到他的前辈的影响。他错

图与文

意大利画家列奥纳多·达·芬奇是第一个对飞行进行科学研究的人。他30多岁的时候对鸟的飞行产生了浓厚的兴趣，并开始投入很多精力研究航空学问题。这个研究过程持续了20多年。

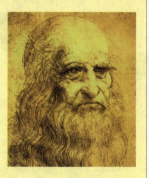

误地坚持人只有模仿鸟儿才能飞行，从而把研究重点放在了扑翼机上，企图通过扑打机翼来获得升力。

1505年，达·芬奇完成论文《论鸟的飞行》。在书中，达·芬奇阐述了关于鸟的飞行的3个原理。其中第一个原理是持续飞行原理，或叫空气的升力原理。他认为，鸟的翅膀在扇动时使翅膀下的空气压缩，从而使翅膀上下形成一个压力差，这个压力差就是升力。此外，他还研究了鸟在飞行中的稳定性与可控制性，区分了鸟的各部位的功能。达·芬奇对鸟飞行控制的观察非常细致。《论鸟的飞行》中大部分是关于这方面的阐述。他认为，鸟在飞行中改变方向的方式和动力有多种多样，包括风的影响、翅膀的扇扑方式、飞行惯性的控制、尾巴的利用、引力中心位置的控制、用腿作为减速器等多种。

鸟的飞行

达·芬奇为航空发展提出的许多主张是人类航空事业的一笔巨大财富。他的许多有记载的理论，包括5 000页著作和150份图纸，都比其他人探索类似的问题领先好几百年。

动物飞行的基本类型

飞行动物的结构和功能尽管千差万别，但飞行的基本类型可分为3种，即滑翔、翱翔和扑翼飞行。

翱翔是从气流中获得能量的一种飞行方式，也是不消耗肌肉收缩能量

■ 图与文

滑翔是从某一高度向下方飘行。滑翔得以持续的条件是：体重/速度＝移动距离/身高。升力与阻力的比值越高和滑翔角度越小时，下沉也就越慢，因而有较远的水平滑翔距离。飞鱼、飞蛙、飞蜥和鼯鼠等的飞行就属于这种类型。鸟类的扑翼飞行也常伴以滑翔，特别是在着陆之前。

的一种飞行方式，一般分为静态翱翔和动态翱翔两类。前者利用上升的热气流或障碍物（例如山、森林）产生的上升气流。蝴蝶、蜻蜓和一些鸟类（例如鹰和乌鸦等）能利用这种垂直动量及能量产生的推力和升力。动态翱翔利用随时间或高度不断变化的水平风速产生的水平气流。许多大型海鸟（例如信天翁和海鸥）普遍采用这种飞行方式。风吹经海面时，越接近海面越因摩擦而受阻，因而在约45米高的气层中产生许多切层，其风速从最低处的零达到顶层的最高速。海鸟利用这种动量在气流中盘旋升降，不需要扑翼即可终日翱翔。

扑翼飞行是借发达的肌群扑动双翼而产生能量，是飞行动物最基本的飞行方式。昆虫、蝙蝠和鸟类多做扑翼飞行。它们沿水平路线飞行时，翅膀向前下方挥动产生升力和推力，当推力超过阻力和升力等于体重时就能保持继续向前的速度。昆虫在扬翅和扇翅时都能产生升力和推力，这是因为它们在扬翅时翼呈"8"字转动，借翼上表面转向后下方击动空气获得推力。鸟类在正常飞行中扬翅时不

展翅飞翔的信天翁

产生推力,而是靠前一次扇动时产生的水平动量向前冲,内翼(次级飞羽)则产生升力。鸟类翅膀的形状、翼幅、负载、翼面弧度、后掠角以及飞翔的位置,均随每一扇翅而发生显著变化。扑翼频率和幅度也随翼的连结角和飞行速度而改变。

鸟类扑翼飞行的空气动力学机理至今尚未得到充分的解释。一般说来,在扇翅时翅尖向前向下产生推力,而内翅(次级飞羽)仍起机翼作用产生升力。翅尖具有大的连结角,不具备韧性就会失速。扇翅时翅尖的力能使每一根初级飞羽转动,后缘在气流压力下向上弯,每一根羽毛如同一个螺旋桨那样产生推力。当产生的推力大于总的阻力时,鸟的飞行就获得了加速。

鸟类飞行——可能从滑翔开始

有关鸟类飞行进化的争论是古生物学中一个持续时间最长且最热门的话题。最早的鸟类是从树上向地面滑翔的树栖生物,还是因进化出了翅膀而逐渐喜欢长距离跳跃的两足陆生动物呢?研究人员对此一直没有形成统一的认识。

最近几年,研究人员尝试利用数学分析和计算机模拟来确定早期鸟类的飞行能力,同时至少有一个研究团队根据化石建立了一个物理模型,并用其进行了风洞试验。而利用一种不同的方法,美国劳伦斯市堪萨斯大学的生物

▇ 图与文

鸟类究竟是如何学会飞行的?用生有4个翅膀的带羽毛恐龙的泡沫塑料模型进行的首个飞行测试表明,早期鸟类可能是以树林间的滑翔作为它们飞行生涯的开始。

力学专家 David Alexander 与该校以及中国沈阳市东北大学的同事，重建了一个小盗龙的模型——这是一种因生有4个翅膀而闻名的恐龙。小盗龙是恐爪龙———种类似于鸟的恐龙——的一种。

研究人员制作了一副骨架，并用一个黏土"身体"覆盖住了"骨骼"，之后又插上了由现代雉鸡羽毛——它们能够完美地匹配保存在化石上的印记——制作的翅膀。研究人员利用这个有羽毛的重建小盗龙制作了一些聚氨酯泡沫模型。研究人员从不同的高度发射了这些模型，并记录了它们每次滑翔的距离、速度以及角度。研究人员在美国《国家科学院院刊》网络版上报告说："小盗龙是一架老练的'滑翔机'，但它如果想从一棵树干滑行到另一棵树干，则还存在着一点点困难。"

自称由于具有飞机模型知识背景而加入古生物学家研究团队的 Alexander 表示，他不知道还有其他任何研究团队设法进行过恐龙飞行模型的研究。北京市中国科学院古脊椎动物与古人类研究所的古生物学家周忠和认为，这种新的方法"可能是"确定灭绝动物的飞行能力的"最有效的途径之一"。他预计基于其他动物化石的类似试验将有助于澄清鸟类飞行是如何起源的。

美国奥斯汀市得克萨斯大学的古生物学家 Julia Clarke 也认为这些模型是有用的，但是它们必将受到有关解剖学认识的限制。她说，以小盗龙为例，"我不相信现实中的动物会呈现出一些它们在研究中所采用的姿态"。Clarke 同时认为，研究团队已经超越了树栖或陆生假设的分歧，转而考虑一些差别更加细微的问题，例如推动飞行的解剖学进化因素。

鸟类飞行的秘密

鸟为什么会飞呢？

首先，鸟类的身体外面是轻而温暖的羽毛，羽毛不仅具有保温作用，

而且使鸟类的外型呈流线形，在空气中运动时受到的阻力最小，有利于飞翔。飞行时，两只翅膀不断上下扇动，鼓动气流，就会发生巨大的下压抵抗力，使鸟体快速向前飞行。

鸟类翅膀结构的复杂性，决不亚于鸟类本身的复杂性。如果鸟翅

■ 图与文

鸟类的翅膀是它们拥有飞行绝技的首要条件。在同样拥有翅膀的条件下，有的鸟能飞得很高，很快，很远；有的鸟却只能作盘旋、滑翔，甚至根本不能飞。由此可见，仅仅是翅膀，学问就不少。

的羽毛构造，能巧妙地运用空气动力学原理，当它们做上下扇动或上举下压时，能推动空气，利用反作用原理向前飞行；羽毛构造合理，能有效地减少飞行时遇到的空气阻力，有的还能起到除震颤消噪声的作用。各类不同的鸟在翅膀上有较大的区别，这样一来，仅仅是翅膀的差异，就造就了许多优秀与一般的"飞行员"。

也许有人会问，仅仅是翅膀就可以飞行了吗？不，把鸟类送上蓝天的还有它们特殊的骨骼。鸟骨是优良的"轻质材料"，中空、质轻。据分析，鸟骨只占鸟体重的5%～6%；而人类骨头占体重的18%。鸟类的骨骼坚薄而轻，骨头是空心的，里面充有空气。解剖鸟的身体骨骼还可以看出，鸟的头骨是一个完整的骨片，身体各部位的骨椎也相互愈合在一起，肋骨上有钩状突起，互相钩

鸟类的骨骼

接，形成强固的胸廓。鸟类骨骼的这种独特的结构，减轻了重量，加强了支持飞翔的能力。

鸟的胸部肌肉非常发达，还有一套独特的呼吸系统，与飞翔生活相适应。鸟类的肺实心而呈海绵状，还连有9个薄壁的气囊。在飞翔中，鸟由鼻孔吸收空气后，一部分用来在肺里直接进行碳氧交换，另一部分是存入气囊，然后再经肺而排出。这样鸟类在飞行时，一次吸气，肺部可以完成两次气体交换，这是鸟类特有的"双重呼吸"，保证了鸟在飞行时的氧气充足。

另外，在鸟类的身体中，骨骼、消化、排泄、生殖等器官功能的构造，都趋向于减轻体重，增强了飞翔的能力，使鸟能克服地球引力而展翅高飞。

这些优越的条件毫无疑问让鸟类拥有飞行的绝技，使它们在另一个生存空间施展本领，但是鸟类能飞上蓝天，可能还有别的原因，只是人类到现在还没有发现。

从对鸟类能力的认识中，我们可以看到，探索鸟类的能力，将会有助于人类开拓更新的领域。

鸟类的飞行方式

鸟类在空中飞行主要有两种基本方式。第一种方式是滑翔，通过向下滑翔过程中的气流运动获得所需要的升力。第二种方式是通过翅膀的扇动获得升力，翅膀的上下拍击产生了向上的动力。大多数鸟类都是混合采用了这两种方式进行飞行的，既有滑翔又有拍翅。

鸟类飞行有两个主要的指标需要考虑：一个是翼载，一个是展弦比。翼载是指翅膀的面积与它所要负载的重量之比。对于轻翼载的鸟类来说，秃鹫肯定是最完美的典型，它的体重对于它巨大的翅膀来说，是微不足道的。另一个需要考虑的指标是展弦比，它是翅膀的长度、宽度和高度之间的比值。展弦比越高，翅膀的滑翔性能越好。

飞 行

展弦比和翼载是相互联系的，秃鹫比起信天翁来说，不能算是滑翔鸟类的典范，但也差不多少，它的主要飞行方式仍然是滑翔。

信天翁飞行时几乎完全依靠风力而不耗费自身的能量，因为它们滑翔飞行时翅膀几乎无需扇动。它们的体内有一部分肌肉是专门用来固定翅膀的。

飞行的秃鹫

利用季风，信天翁能轻松地飞越太平洋。它们巧妙地利用动力滑翔，以一种特殊的方式在蓝天和大海之间上下飞翔。它们先冲入浪峰，由于海面风速比较低，于是它们从斜风中汲取能量，再飞入风速比较高的空气层。借助海面上的上升气流，它们优雅地飞行。信天翁还垂下它们的脚来增加一点升力，就像飞机上使用的阻力板一样。这种飞行的技巧是为了保持身体的平衡。信天翁每时每刻都在变化和调整它们的翅膀，选择最佳的飞行体态以适应海面不断变化的风力条件。这是任何一位高明的飞机设计师所望尘莫及的。任何

■ 图与文

信天翁属于体形最大的飞鸟之一，它们有长达3米的翼展。不过它们的翅膀肌肉的力量却很弱，因此起飞的时候比较困难，从悬崖上往下跳以起到辅助作用。信天翁的翅膀更适宜在空中滑翔，它是所有鸟类中最为完美的滑翔运动员。

一架滑翔机都不可能在浪峰上做风速多变的空中行动,因此任何一种滑翔机都不可能像信天翁那样飞翔。

降落的鹈鹕

与信天翁不同,火烈鸟的翅膀不大而体重却不小,所以翼载很高。由于生着一双长腿,火烈鸟就用长腿在地面跑动以获得速度,奔跑帮助它们获得升力。很多像鹈鹕之类的重量级的水鸟都先在水面奔跑,然后沿着水面低空飞行,这种低空飞行是由于水面的气垫作用支持了它们的身躯。在水中着陆比在陆地容易,鹈鹕的降落像是滑水,落下后沿着水面滑行一段直到完全停住,然后才悠然收起双翅。整个降落过程中翅膀并不起减速的作用,只有到最后一刻才有一个停止的动作,气流被背部的竖起的羽毛切断。

除了蜂鸟,没有其他鸟类能够在完全静止的空气中停止不动。茶隼似乎也能在空中的某一点做较长时间的停留,但实际上它必须借助逆风才能做到这一点。

蜂鸟在飞行的时候身子垂直,翅膀是前后扇动而不是上下扇动。蜂鸟无论是前进还是后退,翅膀的前缘始终保持在稳定的位置上。许多昆虫也有像蜂鸟一样高超的飞行技能,它们的翅膀前缘的位置在前后扇动时也始终保持不变。这种前后运动向两个方向产生推力,使向前向后的力相抵,而尾巴则起着平衡的作用,是很方便的控制杆。这与直升飞机的原理很相似。直升机的螺旋桨与蜂鸟的翅膀,在本质上都是起到产生一个稳定的向下气流以支持自身的重量。

古生物学家根据鸟类化石发现,最早的鸟类的祖先始祖鸟是从树栖生

活的小型恐龙进化而来的。在原来长鳞的地方长出了羽毛，因此鳞和羽毛的原始构造是一样的。始祖鸟飞行的方式与今天的家鸡差不多，翅膀很小，翼载很大。在漫长的进化过程中，鸟类的身体构造发生了巨大的变化，全身

■ 图与文

这种飞行方式可以保证蜂鸟准确地停留在任何一朵花前啜吸花蜜，其精确度之高是任何其他鸟类无法比拟的。蜂鸟独有的一项飞行本领是它可以改变翅膀与身体的角度，并通过尾部加力使身体向前或向后飞行。定期迁徙的蜂鸟能够飞行800千米，飞越墨西哥湾。很难想象这小小的身体能有如此大的能量。它们是靠消耗体内的脂肪来完成这一艰难的长途飞行的。

的骨骼系统变得轻而空，心脏功能大为加强，眼睛受到双重控制，既能远视又可近观，这一切使鸟类能够更好地适应飞行生活。

在热带海洋表面上，气流持续上升，直到凝聚成为日夜悬浮在洋面上的云层。军舰鸟利用这些气流，凭借调整翅膀角度和形状的本领，在大洋上不分昼夜地飞翔，毫不费力地越过几千千米。军舰鸟利用上升暖气流，就像攀登旋梯一样呈螺旋形爬升，直至达到顶部云层的高度，然后开始一个长而平缓的滑翔过程，慢慢地失去动力，直到到达又一

军舰鸟

11

高山兀鹫

个上升暖气流可以重新爬升时为止。它们从不降到海面，因为它们的羽毛不含油脂，如果羽毛浸透了海水，军舰鸟就会被淹死。

当滑翔机快速降低高度时，驾驶员会打开下冲制动闸并放下机轮。一只降落的兀鹫做着类似的动作，然而和真正的着陆技术又十分不同。机动滑翔机需要机动的力量以求安全着陆，薄而坚硬的机翼必须能够承受着陆时的高速度和冲击力，但兀鹫却不必为此担心，它只需要在空中展动它那宽阔而可变的翅膀，就能缓慢而平稳地双脚落地。

大多数鸟类飞行时像垂直起落的飞机一样轻易而举，但是垂直起落的飞机是依靠发动机的巨大功率和精密仪器才能离地而起，而鸟类实现同样的效果却轻松自如。

北极鹅由于体型较大，飞行中占的空间也相对较大，所以集结飞行中的相互干扰就成了一个很突出的问题。在群体飞行时，飞在前面的鹅会给后面的带来一些麻烦。不过，北极鹅还是找到了办法来解决这个棘手的问题。它们自动地排成"V"字形队列，这样既避免了同伴之间的相互冲撞，又能保证每只鹅能看清前进的方向。后边的鹅可以借助前边的气流，只有领头的鹅，需要不时地轮换以保持体力。小鹅开始学习飞行的时候，在最初阶段它们还不具备完善的飞行技术，而当它们加入到庞大的群体中时，它们就会在长途飞行中逐渐掌握V型队列的飞行方式。

猎鹰在水平飞行中时速将近100千米，而游隼的最佳成绩达到每小时131千米，鸽子的飞行速度通常只达到每小时70千米。

北极燕鸥在10年内飞行的里程相当于从地球到月球的距离。它在23

个月内，完成了 6 万多千米的艰苦卓绝的远征，又准确地返回到了自己的出生地。对人类来说，大概只有单人帆船运动员环球航海的耐力能够同燕鸥相比。

世界上长距离飞行的最高纪录是由欧洲的雨燕创造的。雨燕吃东西、喝水、交配乃至睡眠都是在飞行中进行的。它们到 3 岁的时候才开始繁殖后代，所以 3 年之内它们都在一直不停地飞行。也就是说，在 3 年的时间里雨燕要不停地飞行 160 万千米。

人类的飞天梦

飞行升空是人类最古老、最美好的愿望之一，古代人对鸟类的飞行是既向往又困惑的，所以在古代很多文明古国，几乎都有把鸟类看作是神秘物的倾向。许多民族的神都被想象成具有飞行的能力。身为一种会思考有追求的陆生两足动物，无论在现实中，还是在想象中，几千年来人类一直在执著不懈地试图离开地面。尝试的结果却不尽人意——"墨子为木鸢，三年而成，蜚（古同'飞'）一日而败"（《韩非子》）；希腊神话中的伊卡洛斯飞得太高导致羽翼熔化，溺死在爱琴海中……

在文学作品中，对飞行的向往更是层出不穷。诗意的有《庄子·逍遥游》中描绘的"列子御风"和《离骚》里的"驷玉虬以乘鹥兮，溘埃风余上征"，讲的是要以玉龙为马、凤为车，扶摇上九霄。也有写实的，如《山海经》中出现的"以取百禽，能作飞车，从风远行"。无独有偶，古代斯堪的纳维亚传说中，维兰铁匠使用的飞行马甲，以及阿拉伯传说中的飞毯，都将当地常见的生活物品赋予了飞翔的特性。看来，飞翔不是某个民族的愿望，而是属于全人类的共同梦想。

如果说以上均系野史，不能算数的话，那么考究正史，飞行的尝试也是史不绝书的。以飞行器的种类划分，古人飞天的尝试可分为 5 类：降落伞、滑翔机（风筝）、气球、火箭、扑翼机。其难度系数逐级上升，直至成为不可能完成的任务。

用降落伞体验飞行乐趣者，胜算最大。最著名也是最早的高台跳伞运动员恐怕非五帝时代的舜帝莫属。舜年轻时曾手持两个斗笠从高处跃下，安然无恙。此事见于《竹书纪年》和《史记·五帝本纪》。唐人《史记索隐》写得绘声绘色："有似鸟张翅而下，得不损伤。"由此看来，这竟是降落伞加滑翔机的有机组合了。可惜究其动机，舜帝玩此行为艺术纯属生死关头被逼无奈，算不得自主飞天的成功案例。

中国见诸文字的飞行最有名的当属在班固《前汉书·王莽传》里的记载。王莽曾下令征集天下身怀绝技之士抗击匈奴，应征者中有号称可以飞行窥探匈奴军力虚实的人，王莽令其试验。此人用鸟羽做成两只翅膀捆在身上，并在头和身上饰以羽毛，又装上"环纽"等机关，从高处向下飞行数百步远才落地。

既然振翅飞升太过艰难，有人便打起了乘风筝翱翔的主意。只是此人贵体千金、贪生畏死，命令别人做危险的飞行试验。据《资治通鉴》记载，公元559年，齐文宣帝"使元黄头与诸死囚自金凤台各乘纸鸱以飞，黄头独能至紫陌乃坠"。想不到乘风筝首飞成功之人竟是一个死囚。后来，风筝在航空研究中发挥了很大作用，1804年，英国的凯利曾用风筝做机翼制成一架滑翔机；俄国的莫扎伊斯基和飞机发明者莱特兄弟都曾用放风筝的方

■ 图与文

若有气流托举，从高处扑翼而下，滑翔一阵再平安落地并不太难。难的是以人力扑翼，达到如鸟儿一般"平地飞升"的效果。见于历史记载的，西欧、东欧、中国等地都有进行扑翼飞行尝试的人，除了造成死伤，尚无人能从低处飞到高处。

法研究飞行的原理。

为了模仿鸟类飞行，人类付出了极大的努力与牺牲，越是遥不可及，便越心生向往。人类飞行的形象不断出现在绘画、雕塑等艺术作品中。比如1964年在西安发掘出土的汉代铜羽人跪坐像，羽人形状奇特，长脸尖鼻，颧骨与眉骨隆起，耳高出头顶，宽肩束腰，背部长着两只翅膀。东汉时期的沂南古画像石中也有腾空的羽人图形。在莫高窟297号窟中有隋代塑造的羽人像阁；唐代的一面飞凤花鸟镜中也有羽人形象，唐代还有飞人砖画……在西方，羽翼更是被赋予神圣的意义。古埃及的信仰中，昊天之神荷鲁斯身披双翼，直到现在，埃及航空公司的徽标还是一只鸟；基督教文化中，天使也被描绘为背生羽翼的人形，而堕落的魔鬼只配拥有蝙蝠的肉翅，象征着从光明走入黑暗。以上这些简直可以看作是对人类进行基因改造，使之适应飞行的艺术化尝试。进入近代，鸟类和羽翼的图像更为流行，它们大量出现在人人都有机会接触的钱币上，不少国家还把鸟(特别是鹰)作为荣誉勋章乃至国徽的图案。

要不是有人理性地认识到"飞还是不飞"其实是个生死攸关的问题，这座飞天丰碑恐怕还要留下更多无名烈士。聪明如达·芬奇者，二十年如一日地纸上谈兵，观察飞鸟、蝙蝠和昆虫的同时，留下大量的扑翼机和直升机图样供后人琢磨。他曾应用解剖学和数理方面的知识，观察和分析鸟类翅膀的运动，著有《论鸟的飞行》一文。他还最先提出用两个旋翼绕垂直轴转动以支持飞行器的构想(现代直升机的雏形)，并预见到降落伞的

汉代青铜羽人莲花灯

应用。达·芬奇从不以身犯险,尝试飞行。亏得如此,否则飞天史上徒增一个烈士,文艺复兴却要少一位大师了。可惜他的这些研究成果直到19世纪后期才被发现,对航空技术的发展没有起到应有的推动作用。

1680年,意大利人波莱里出版了《动物的运动》一书。此书不仅讨论了鸟的飞行原理,还研究了人类飞行的可能性。波莱里的结论是:"人依靠自己的力量进行扑翼飞行是不可能的。"与波莱里同时代的英国人罗伯特·胡克也着迷于飞行,但他到底在皇家学会混过,认识到"人要想飞起来,胸部得有两米宽,还要长出丰满且强有力的肌肉和翅膀。"

按胡克的说法,除非用生物工程改造人体,否则以人力驱动的扑翼机注定飞不起来。事实也的确如此。近代科学出现以前,人们不懂物理原理,以为扑扇着粘满鸟羽的大翅膀就能克服重力。殊不知鸟类历经亿万年的演化,骨骼之轻盈、胸肌之发达,远非人类可比。现代研究表明,健壮男子在10分钟内只能连续输出0.26千瓦的功率。按每千克体重所能输出的功率计算,人类远不如鸟类。人的体质仅适于陆地生活,实在不适合做振翅飞天这种体力活。

孔明灯

既然模仿鸟类被证明是死路一条,便有人另辟蹊径,借助外力曲线飞天。1783年,法国的蒙哥尔费两兄弟用欧式"孔明灯"飞上巴黎的天空,一时成为街谈巷议的热点新闻。当然,这已完全不依靠人力了。近代也有学者认为,纳斯卡文化时期的印加人可能借助了热气球升空观察,才能绘制出那么精准的纳斯卡平原人工图案。如果这个猜测成

立,人类飞行的起源时间又要大大提前了。

中国是热气球和黑火药的故乡,但是中国人舍气球不用,一上来就玩高难度的火箭载人,实在具有创新思维。据美国火箭专家赫伯特·基姆考证,明朝人万户进行了人类第一次载人航天飞行的尝试,

竹蜻蜓

可惜功败垂成。虽然史学界对万户飞天是否确有其事还存有争议,但就明代的技术发展水平来看,飞行爱好者尝试简陋的火箭助推装置也是完全可能的。迟至1984年,在洛杉矶奥运会开幕式上,依托先进控制技术的单人喷气装置方才飞行成功。

中国对航空技术的贡献还有竹蜻蜓。它传入欧洲后被称为"中国陀螺",并得到飞行先驱们的注意。1784年,法国的拉奥努瓦和比安旺尼制作了以弯弓钻驱动的螺旋桨,桨叶用丝绸蒙在骨架上。1792年,乔治·凯利首次进行了他的"飞升器"试验,他也用弯弓钻驱动两个反向旋转的羽毛螺旋桨,使陀螺升入空中。

蒙哥尔费兄弟的热气球升空120年后,美国俄亥俄州有两个擅长修自行车的兄弟整天琢磨着乘汽油机驱动的木质风筝驭风而行——前人不断的失败反而激起了他俩的好奇与勇气。比起凯利、李林塔尔、兰利等先驱者,莱特兄弟命更硬并且运气更好。1903年12月17日,他们的"飞行者1号"飞机创造了最长留空时间59秒,最远飞行距离260米的纪录,开创了可控动力飞行的新纪元。

以上这些简陋的飞行实践尚无法与鸟类的高超飞行技艺相提并论。论速度,飞行最快的尖尾雨燕时速可达352.5千米;论高度,蓑羽鹤可飞越

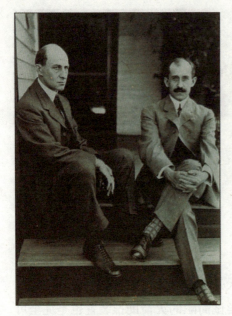

莱特兄弟

珠穆朗玛峰；论航程，北极燕鸥每次迁徙的往返距离达到 4 万千米……这些仿佛都是无法逾越的纪录，但很快，人类就开始向自然界的飞行纪录发起了挑战。他们最先挑战的，是飞越北美洲与欧洲之间的天堑——大西洋。1927 年 5 月 21 日，美国飞行员林德伯格驾驶单引擎飞机"圣路易斯精神号"从纽约出发，独自飞行 40 多个小时后安全降落在巴黎。新旧世界的人们都在欢呼这一壮举。不久，跨大西洋的客货运空中航线建立起来。林德伯格的勇敢飞行开启了跨洋商业飞行的"新航路"，他的贡献堪与马可波罗或哥伦布比肩。

到 1986 年，美国人鲁坦和耶格尔竟然用 9 昼夜时间驾驶"旅行者号"轻型飞机完成了中途不着陆、不加油的环球飞行，航程超过 4 万千米，这是任何飞行动物都无法逾越的纪录，也象征着人类智慧与勇气可以达到的高度。

喷气机时代的飞行爱好者依然怀念复古的人力飞行方式，只不过他们不再使用扑翼机，而是改玩固定翼了。1936 年，德国人在轻型滑翔机上安装螺旋桨和类似自行车的脚踏装置，依靠人的双脚蹬踏带动螺旋桨产生飞行的动力，实现了距离 200 米的飞行。但在当时的科技水平下，再加上大的机翼面积，还不可能制造出重量很轻、飞行效率高的扑翼机。随着碳纤维和芳纶纤维复合材料、泡沫塑料、聚酯薄膜等新型轻质材料的出现，使制造翼展 30 米、翼厚 10 微米的超轻型人力飞机成为可能，人力飞机的空机重量可降低到仅 30 千克左右。1979 年，自行车运动员出身的艾伦蹬着仅重 25 千克的"蝉翼信天翁"号人力飞机，以 12.7 千

米的平均时速，用 2 小时 49 分钟飞越了英吉利海峡，完成了对之前所有"飞人"的致敬。

从莱特兄弟驾机在凯蒂霍特的轻盈一跃算起，到现在不过一百零几年的时光，但飞行已经从少数勇敢者的游戏变成了惠及大众的出行方式。先后有几十亿人次享受了比飞行先驱们更高、更远、更安全的翱翔。

"人在桎梏中，故想逍遥游"，航空技术赋予了人类前所未有的行动自由。在蓝天之下，人类不再渺小，在云朵之间，人类再不受地心引力的束缚。一部飞行史，就是人类师法自然、超越自我、挑战极限的历史，也是不断追求梦想、追求自由的心灵史。

第二章
鸟类的飞行

动物中飞翔本领最高超的当然是鸟类。飞行最高的鸟是尼罗河天鹅，它能在 17 000 米的高空盘旋；我国运动员在 8 000 多米高的珠穆朗玛峰上，发现了一种大型猛禽兀鹫，体重 10 多千克，展翅约两米，能适应在空气稀薄的高山上飞行；蜂鸟能在 4 000～5 000 米的高山上采蜜。鸟类还有许多你难以想象的飞行特技呢！看完后，别太惊讶哦！

鸟的迁徙

"准确性"一词大家都熟知。候鸟可以说是"准确性"的最佳体现者：它们每到秋天都要离开孵卵地飞往南方，而春天又重新返回故地产卵和孵化后代。这种规律性是如此严格地固定了下来，而且各种鸟类都无不这样准确地遵循着。

古印度的某些月份甚至也是以某种候鸟的名字来命名的。应当指出：鸟类在动物界里无疑是创纪录的旅行家，因为只有它们才能完成最遥远距离的迁徙。当然，轻便的身体、空气动力学的结构、旺盛的新陈代谢以及在空气中运动时提供强大推动力的两翼的力量等有利条件，保障了候鸟征服长距离的可能性。

还记得1926年在怯尼亚掠空而过的大群（大约3 600万只）飞蛾吧。然而，著名的美国鸟类学家奥久博恩曾详细地描写了他对1813年秋飞越俄亥俄州的一群正在迁移的鸽的观察。据他统计，这群鸽子足有11亿只。假使没有其他证据，这些神仙数字是很难令人置信的。1832年，亚里山大·乌依列恩对正在肯塔基州迁飞的一群鸽进行监测后断言，其数目可达22.302 7亿只。很遗憾，不是别的，正是人们的贪婪才是如此庞大的鸟群惨遭杀戮的原因。19世

图与文

不少种候鸟，例如鹤和燕，特别是其中在中非和南非过冬的那些鸟类居然能够飞越数千千米，还有一些鸟类完成了打破纪录的飞行距离，比如北极燕鸥竟能一年两次征服南北极间的空中之路。

纪，人们曾把它们作为一种佳馔进行野蛮的大肆捕杀。1914年，这种鸟的最后一只死于辛辛那提的动物园。

那么，迁徙的鸟类以多大的速度飞行呢？譬如，野鸭平均速度为70～80千米/小时，燕为55～60千米/小时；在英国被环志的一只红尾鸲经过24小时后便在美国就范，昼夜飞行了3500千米。必须指出，风向对飞行速度有很大影响。通常一只鸟在无风时飞速为40千米/小时，顺风时为50千米/小时，而在迎风时飞行速度则大大降低。特别是突如其来的骤风更能降低飞行速度。

不同迁移鸟群的飞行高度也是不同的。例如，小鸣禽飞行一般不高于地面100米；椋鸟、乌鸦和鸫喜欢在150～500米高度飞行，而鹳则为900～1300米。很多鸟类都能达到人类假若没有氧气装置就不能生存的那种高度，这些鸟在旅行时不得不战胜高山高原。科学考察工作者在喜马拉雅山上空不仅观察，而且还拍下了从印度飞往西伯利亚的小鸟的照片。英国考察者哈里谢就曾从飞机上把在喜马拉雅山脉上空9600米高处飞行的一群雁摄入了镜头。大多数候鸟的飞行不仅要跨越高山峻岭，而且也要穿过河谷和隘口。

迁移现象还见于某种不能飞的鸟类。以企鹅为例，这种鸟通过在起伏不平的冰面上用腹部滑行或者在海洋中游泳的方式，有时可以"步行"2000千米。随着南极洲各地冬季的到来，它们开始向北方移动，甚至有时到达非洲和南美洲的南部海岸。走禽类的某些代表，例如鸵鸟，能沿固定的方向"步行"上千千米。

应当指出，不同种的鸟类昼夜飞行的时间不同。隼形目和许多其他飞禽完全在白天飞行，而游禽类不管在白天和夜间都能飞行。不少迁徙鸟类在飞行时都恪守一定的"队形"。例如，灰鹤呈楔形，大雁常呈"人"字形，而小鸟则散飞，一些鸟类飞行时默默无声，而另一些鸟类（如灰鹤、天鹅和野鸭等）飞行时则发出人们都能听到的特殊的叫声。也许，这可能是为了传递各种信息吧！

鸟类旅行——这是很多年以前人们就十分感兴趣的一种自然现象。众所周知，流行于古希腊和古罗马的各种民间传说无不和鸟类以及与它们

飞翔的灰鹤群

的飞行相联系。说到这里，顿时在我们的记忆里会联想起一连串的古埃及神话。

古代赞美诗"尼罗河之歌"中有这样一句："鸟儿在你头上向南迁飞，热风不再使你汗流浃背……"

在圣经先知者约伯和耶来米亚所著的书中也有类似的记载。古希腊最伟大的科学百科学家、哲学—博物学家亚里士多德在自己的多卷书《动物的历史》中曾详细描述了有关鸟类的重要问题。该书提供很多关于鸟类飞行的准确消息，但仍夹杂一些天真的甚至错误的概念。虽然人们几千年来已经积累了鸟类飞行方面的不少资料，但时至今日对这种现象还远远没有研究清楚。但是我们确信，用全新的科学手段武装起来的科学家们，一定能不断地向人们揭示出与鸟类迁飞有关的生物界的新秘密！

根据飞行时间，鸟类可分为3个基本类群。第一类群是早在对其生活不利的时期到来之前就准备起飞的鸟类。例如，布谷鸟在食物还比较充足、温度条件也比较适宜的时节，即7月底或8月初飞离我们的国家；鹳和燕离开得更早。第二类群是指在天气变化的征候刚刚出现，也就是说温度开始降低、食物数量稍见减少的情况下才离开的那些鸟类。这些鸟类多是食虫目，例如欧椋鸟和莺等。属于第三类群的鸟类如野鸭和雁，是在深秋离开，此时生活条件变得使它们再也无法忍受下去了。

有时候，并非同种的所有鸟类和同群的全部个体都进行迁移，往往一部分离开，一部分留在巢区。"万能的"迁飞本能对它们是不起作用的。至于有关鸟类的飞行技术和定向能力等一系列重要问题仍然没有完全解决，但是毕竟积累了很多对此能提供一定概念的观察和实验资料。首先查明，

所有鸟类的高度发达的视觉在其定向上起着主要作用。有理由推测，鸟类在定向能力方面是全世界名列前茅的。

对鸟类定向有重大意义的不仅有地标，而且还有天体方位标：白天飞行靠太阳，晚上飞行靠星球和月亮。同时还查明，鸟类在极夜飞行时是依靠北极星和离它不远的某些其他星球来辨别方向的。某些考察家至今仍然坚持这样的意见：鸟类在进行远距离迁徙时始终依靠地球磁场来完成飞行。

鸟的飞行速度

我们都看到过赛马，那是马在比赛谁跑得快；我们也都看过田径比赛，那是人在比赛谁跑得快。在这两种比赛中要想确定比赛者奔跑的速度是很容易的，因为有起跑线和终点线。另外，还有一些裁判在使用准确的计时器在测量！可是，我们又该怎样测量鸟飞行的速度呢？

关于各种鸟飞行速度的纪录已经公布了不少，但似乎这些纪录都没有被专家们承认，因为还没有一个纪录被当做准确的纪录让所有权威人士都能接受。

但是大多数专家对以上这些数据都表示怀疑。一位专家断言鸟类飞行速度的最高纪录是由信鸽创造的——每小时160千米。

下面我们列出一些

■ 图与文

比如说那种叫雨燕的鸟，在印度它的飞行速度每小时超过270千米；而在伊朗和叙利亚之间的美索不达米亚，则有人宣称雨燕的飞行速度为每小时160千米左右；一只欧洲的雨燕则被用秒表测出它的飞行速度为每小时170～200千米。

飞行能手——游隼

被大多数人接受的鸟类飞行速度的纪录。猎鹰每小时飞行 110 千米，比猎鹰飞得稍慢一点的是天鹅和野鸭，每小时能飞 100 千米左右，也算是鸟类中的佼佼者了。

欧洲的雨燕能飞到每小时 100 千米左右的速度，能以这种速度飞行的还有在北极繁殖后代、越冬时能飞到赤道的金鸿鸟和美国的一种野生鸽——哀鸽。我们大家都以为蜂鸟飞得特别快，其实它不如上面提到的鸟，每小时大约能飞 85 千米。欧掠鸟的飞行速度是每小时 70 千米。燕子一般以每小时 25 千米的速度飞行，可它们最快时也能每小时飞 70 千米。

乌鸦一般每小时飞 35 千米，但它们最快时也能每小时飞 65 千米。苍鹭和野鸡都能以每小时 60 千米的速度飞行。人们一般都不会想到，野火鸡居然每小时也能飞 50 千米，而悭鸟每小时只能飞 45 千米。

游隼在侦察猎物从高处下降时或是在空中捕捉其他鸟类时的飞行速度是创纪录的。游隼在 30° 角向下俯冲时，时速为 270 千米，在 45° 角向下俯冲时为 350 千米。

飞行中的定位

美国的肯尼斯博士夫妇的试验结果表明，萨凡纳麻雀白天不但可以看到天空中的偏振形式，而且能利用这种偏振形式作为辅助的民航工具，矫

正磁场的方向感。

在实验过程中,他们把麻雀关在笼子里,放在屋外,到了应当向南迁徙的时候,这些鸟就面向南方,显出焦躁不安的神态。在一些试验中,启动设在鸟笼周围的电磁场,把麻雀感受到的磁场方向转变90°。这样,人造磁场

■ 图与文

专家们早已知道,鸟类和其他很多动物依赖地球磁场来确定方向,然而新近的研究显示,鸟类还要根据阳光的自然偏振作用来矫正得自地球磁场的方向感。

的北极就会使鸟笼里指南针指向西方,然后再把一个透明塑料板盖在鸟笼上面,使笼子里的麻雀感受不到日光的偏振作用。这时鸟笼里的麻雀在人造磁场的环境里,显示出朝西飞的意向,而不理会日光所指示的方向。但是只要把挡住偏振光的塑料板拿开,麻雀就不再理会人造错误磁场的方向,又重新根据日光的天然偏振形式辨别正南方向了。

鸟类不仅在长途迁徙中能够辨别方向,而且在归巢的短距离飞行中也从不迷路。生物学专家认为,鸟类迁徙和归巢可能是靠两种不同的认路本领。一系列实验的结果表明,只要用白色、绿色或者黄色光线照射鸟笼子,秀颜鸟就可以轻而易举地根据地球磁场辨认回巢的方向。可是,如果用红色光照射鸟笼子,秀颜鸟就丧失了感受地球磁场的能力,四处乱飞,辨不清方向了。

利斯克博士认为,至少对某些种类的鸟来说,可见光射在视网膜上导致一种叫做视紫醇的色素里电子活跃起来,而视紫醇对视觉是至关重要的。如果视紫醇中一部分电子正处于活跃状态,视紫醇就会产生顺磁性,因而受到磁场的影响。

鸟类中的飞行冠军

飞得最快的鸟——游隼和尖尾雨燕。美国一位飞行员在驾驶飞机以250千米的时速飞行时，曾亲眼见到一只游隼从他身边疾飞而过。你一定没想到一只鸟儿的速度竟如此惊人吧！在鸟类中，游隼是短距离飞行最快的鸟。从长距离飞行来说，飞得最快的鸟非尖尾雨燕莫属了。在迁徙途中，它能长时间保持125千米左右的时速，不但让一般的鸟儿望尘莫及，就是最快的骏马和现代陆上交通工具——汽车，都远远地落在了它的后面。

飞得最远的鸟——北极燕鸥。飞得最远的鸟是北极燕鸥，它是一种中等大小的鸟，习惯于白昼生活。当南极黑夜降临的时候，它便飞往遥远的北极，因为此时北极正处于白昼时期。每年6月，它在北极地区生儿育女，一到8月，就带着儿女们赶往南方，12月便可到达南极附近，然后一直逗留到翌年的3月初。北极燕鸥就这样往返于地球的两极之间，每年远飞40 000多千米。由于它总是生活在太阳不落的地方，人们又称它为"白昼鸟"。

飞行时间最长的鸟——金鸻。金鸻体长约24厘米，繁殖期间全身羽毛呈黑色，背上密布金黄色的斑点，所以俗称"金背子"。它双翅尖长，飞行能力很强，是鸟类王国中飞行时间最长纪录的保持者。北美洲阿拉斯加的金鸻，秋季结队南飞时，能以每小时90千米的速度，连续不断地在空中飞行35个小时，真是一位

金鸻

优秀的"马拉松运动员"。

除此之外,还有几种鸟的飞行高度也非常惊人。据记载,有一支天鹅家族,每年都要飞越喜

■图与文

飞得最高的鸟——兀鹫和天鹅。世界上飞得最高的鸟是喜马拉雅兀鹫,它曾飞越世界第一高峰——珠穆朗玛峰,飞行高度约9 000米。

马拉雅山的珠穆朗玛峰;还有一种山鸦,常常会去拜访驻扎在海拔7 000多米处的登山队员;生活在青藏高原上的岩鸽,也能轻而易举地飞越7 000多米的山脊,这些都是世界上飞行最高的鸟类。

远距离飞行冠军——斑尾塍鹬

斑尾塍鹬是一种嘴略向上翘,以蠕虫、甲壳类、昆虫、植物种子等为食的涉禽,常栖息于海滨滩涂、沼泽湿地。斑尾塍鹬种群每年春季集体迁徙到俄罗斯西伯利亚或美国的阿拉斯加繁殖,秋季再返回澳大利亚和新西兰越冬,周而复始,年年往返于南北半球之间。它们的体重通常仅500克左右,可连续飞行距离有时可以长达上万千米,是目前已知鸟类中的远距离飞行冠军。其飞行速度可达每小时56千米,如果在顺风的情况下,飞行速度可再增加2.9千米到4千米。

长期以来,人们对斑尾塍鹬不间断的长途飞行表示怀疑:长途迁徙过程中数天不停、不睡、不食,那它们飞行中途所需要的能量从哪里来呢?晚上它怎么飞行?科学家们经过多年研究得出结论,它们在长途飞行过程中首先"关闭"一侧大脑,称为"睡觉";其能量主要由体内储备的脂肪来供给。飞行中脂肪即将消耗殆尽的时候,它们会在迁徙路途中停歇觅食。

■ 图与文

生态学上依赖于湿地的鸟类，在季节性迁徙时可能超越国界，因此这些鸟禽被《拉姆萨尔公约》视为国际性资源，斑尾塍鹬就是其中的代表之一。国家林业局2000年8月1日发布的《国家保护的有益的或者有重要经济、科学研究价值的陆生野生动物名录》中，斑尾塍鹬榜上有名。

白天飞行它们通过分析太阳的偏振光来定向，阴云密布的天气对它们也无妨；夜间通过星星的偏振光来定向。幼年的斑尾塍鹬就已基本了解天空的变化，已能分辨出哪边是北边，以及南半球的方位。

国外媒体报道，每年9月，大约有7万只斑尾塍鹬从北部阿拉斯加历经长途跋涉飞往新西兰，第二年3月再飞回阿拉斯加。为了研究斑尾塍鹬的迁徙，新西兰梅西大学的动物学家菲尔·巴特雷和他的同事们在新西兰为16只斑尾塍鹬装上了卫星跟踪仪器。代号为"E7"的是一只体形瘦小纤细的斑尾塍鹬，2006年3月17日午夜前后，它从新西兰的科罗曼德半岛起飞，一路向北飞越新西兰与澳大利亚之间的塔斯曼海，而后转东穿过巴布亚新几内亚，再向北穿过关岛，后进入黄海口。一周之后，日夜兼程的它几乎是与其他3只斑尾塍鹬同时到达朝鲜鸭绿江湿地。在7天的时间里，它共飞行了10 205千米，平均速度为每小时56千米，飞行高度最高时达2 000米。

绝大多数斑尾塍鹬长达一周或更长时间的飞行，是以牺牲体重为代价的——在降落时的体重较起飞时相比减少近300克（脂肪消耗超过体重的一半）。而接下来的5～6周时间里，斑尾塍鹬将一直留在鸭绿江湿地上休息，借助于它们引人注目的长喙深入泥淖捕捉美味食物以补充脂肪，为最后的5 000千米旅程——飞往阿拉斯加繁殖地做好准备。

斑尾塍鹬每年春季长途飞往阿拉斯加，是为了生育它们的后代。6月，孵化出来的小斑尾塍鹬经过10～12周的发育，便动身飞往新西兰。在此之后，它们会每年往返继续飞行，直至生命完结。如果一只斑尾塍鹬现在

的年龄估计在 15 岁左右的话，这就意味着它在成年期的飞行距离已达 40 万千米左右。

2007 年 9 月，国外媒体报道，生物学家通过在斑尾塍鹬身上安置的人造卫星标签追踪，又意外发现"E7"从阿拉斯加一口气飞到了新西兰，飞行距离长达 11 570 千米，它中途没有休息，没有觅食，也没有饮水，不停顿地飞

正在觅食的斑尾塍鹬

行了 8 天又 12 个小时，相当于人类每小时将近 70 千米的速度，连续 8 天的赛跑，完成了这次令人惊讶的迁徙任务。优秀的"E7"这次史上距离最长的不间断飞行，纠正了人们鸟类不可能飞越太平洋的偏见。

尽管斑尾塍鹬的耐力超常，但鸟类学家仍担心不已，因每年成功到达新西兰的斑尾塍鹬的数目在不断减少，由 90 年代中期的 15.5 万只，到现在只剩下 7 万只了。其中的原因是韩国、朝鲜和中国的黄海沿岸湿地不断被开发利用，提供给斑尾塍鹬等鸟类停歇和取食的湿地面积在不断缩小。这也就要求沿途的各个国家和地区，应该尽力保护区内的湿地，不轻易开发。因为一旦路途中的某块湿地受到破坏，无数候鸟的旅程就可能无法继续了。

蜂鸟的飞行特技

蜂鸟产于南美洲，只有人的拇指那样大小，在鸟类中它是一种十分奇

科学 第一视野 | KEXUE DIYI SHIYE

■ 图与文

蜂鸟有一种其他鸟不具备的本领，它几乎可以完全"停"在空中。蜂鸟的翅膀短小有力，扇动速度达到每秒钟 70 次，是鸽子的 10 倍，因此它具有神奇的飞行本领。蜂鸟飞行的速度是 50 千米/小时，如果是俯冲的话，时速可以达到 100 千米。

特而有趣的鸟。蜂鸟和辛勤的蜜蜂一样，以采集花蜜为生，因此人们把它叫做蜂鸟。蜂鸟的耐力很强，每年它都要飞越 800 千米宽的墨西哥湾。蜂鸟的飞行本领高超，可以倒退飞行，垂直起落，甚至可以在空中静止 4～5 分钟，所以有"神鸟"、"彗星"、"森林女神"和"花冠"等称谓。

为什么蜂鸟能有这样的本领呢？这一方面得益于它的身体很轻；另一方面，由于蜂鸟习惯于吃花蕊中的蜜汁和躲藏在花中心的小昆虫，而这些花儿一般又都太小而且非常娇柔。如果蜂鸟停在花上，花朵就会支撑不了它的体重，所以蜂鸟不得不发展它那奇异的翅膀。当蜂鸟的翅膀急速振动的时候，人们只能在眼前看到一片灰雾。

和其他鸟类一样，蜂鸟需要拍打翅膀才能飞起来，但是它们微小的翅膀使它们工作起来比其他鸟类要辛苦得多。令人惊奇的是，红宝石喉蜂鸟和红褐色蜂鸟在进食的时候翅膀每秒钟拍打 40～50 次。有些种类的蜂鸟拍打次数比这还多。紫晶林星

吃蜜的蜂鸟

蜂鸟每秒钟能拍打 80 次！蜂鸟的心脏工作起来也是很辛苦的，蓝喉蜂鸟的心脏每分钟被记录的是跳动 1 260 次。

多数种类的蜂鸟不结对，而紫耳蜂鸟和少数其他种类则成对生活，并且由两性共同育雏。大多数种类的雄鸟都以猛飞猛冲的方式保卫占区（占区是它向过路雌鸟炫耀的场所）。雄鸟常在雌鸟面前盘旋，使阳光反射颈部的色泽。占区的雄鸟追逐同种或不同种的蜂鸟，向大型鸟（如乌鸦和鹰）甚至向哺乳类（包括人）猛冲。多数蜂鸟（尤其较小的种类）发出刮擦声、喊喊喳喳或吱吱的叫声，但在做"U"字形炫耀飞行中，翅膀常发出嗡嗡、嘶嘶声或爆音，像其他鸟的鸣声。许多种类的尾羽发出声音。

据悉，这种加拿大蜂鸟每年冬天都要从寒冷的落基山脉飞行数千千米抵达温暖的墨西哥地区越冬，等到了来年春天，它们还要再次千里迢迢地返回落基山繁育后代。科学家因此推测，蜂鸟拥有惊人记忆力的原因是，由于自身个体太小，年复一年的长途跋涉又需要很长时间，它们不能将宝贵的时间花费在寻找食物的工作上。研究人员宣称，小小的蜂鸟最多能分清楚 8 种不同类别鲜花的花蜜分泌规律。上述成果发表在一本名为《Current Biology》的生物学期刊上。

灰雁的倒立飞行

虽然看起来给人一种不可能的感觉，但灰雁的这种特技表演——被称之为"whiffling"——实际上是一种真实存在并且久经考验的制动方式。利用翻转身体这种方式，鸟类能够让空气穿过翅膀，快速降低飞行速度以及飞行高度。拍摄照片时，这只灰雁正准备在诺福克郡斯特鲁姆普肖的皇家保护鸟类协会一个保护区的淡水湖面上降落。

麦克法兰现年 73 岁，来自诺维奇，当时他躲在暗处拍到了这张令人惊讶的照片。麦克法兰说："我简直不能相信，这只灰雁居然摆出这样一种

科学 第一视野 | KEXUE DIYI SHIYE

■ 图与文

英国野生动物摄影师布赖恩·麦克法兰(Brian Macfarlane)拍到一只灰雁在空中表演特技飞行——翻转身体,倒立飞行——的瞬间。在与强风对抗过程中,这只灰雁上演了令人目瞪口呆的空中转身。它的脖子翻转了180°,头部朝上,身体朝下,就这样以一种怪异的姿态继续飞行,直至安全降落。

令人不可思议的姿势。那一天的风很大,不利于鸟类活动。一些鸟类更擅长控制飞行,能够在这种天气条件下自由飞行,其他控制能力较差的鸟类则在半空中荡秋千。看过其中一张照片之后,我并不认为有什么不寻常的地方。直到发现这张照片时,我才意识到这只灰雁完全是倒立飞行。"

英国鸟类学信托基金的保罗·斯坦克里夫(Paul Stancliffe)表示:"我观察鸟类已经有36个年头了,期间曾多次看到这种现象。但我从未看到过类似这样展现一只鸟在半空中倒立减速的照片。这绝对是一张令人惊异的照片。"灰雁是世界上体积最大的野鹅,原产自英国和欧洲。英国拥有数万对灰雁,每年另有9万对灰雁到此过冬。

准备翻转身体,在强风中减速的灰雁

鲣鸟的俯冲

鲣鸟遍布于世界各个海域，它是少数日益增多的鸟类之一，从20世纪以来，很可能已经增加一倍以上。显而易见的原因，在于人类减少捕杀这种海鸟；直到19世纪末，鲣鸟曾经是人类的重要食物来源之一。

由于鲣鸟居住的地方非常拥挤，要在这么纷乱的鲣鸟群栖区维持秩序，避免成双成对的鲣鸟发生纠纷，防止失散，于是导致极其复杂的炫耀行为。典型的求偶方式是：雄鸟与雌鸟面对面双翼展开，然后不停地摇头，用喙互相对擦，而且和许多其他种类的鸟一样，喜欢遵循仪式，彼此用喙理毛。最后，在"双宿双飞"之前，两只鸟一起昂首，喙指向天空，发出打鼾的声音。鲣鸟可以从30米高的空中，以120千米的时速俯冲入水下追逐鱼类，而不受伤害。

此鸟两翼较长，体长约0.7米，体重1千克左右，两足趾间有蹼，善游泳，善于捕捉小鱼和昆虫，仅在夜间及孵卵期间停留在海岛上。

鲣鸟在陆地上和树枝上很笨拙，倘若掉在地面上，就要费劲地扇动双翅才能慢慢起飞，甚至要爬到高坡上往下滑一段再起飞。

渔民们称鲣鸟为"导航鸟"，因为在茫茫的大海中迷失方向时，可跟随飞翔的鲣鸟安全地返回海岛。

斑驳鲣鸟和蓝脚鲣

■ 图与文

鲣鸟生活在热带和温带海洋岛屿及沿岸地区。中国西沙群岛的东岛一带是红脚鲣鸟的故乡。它们和鸭子大小差不多，在空中飞翔时能一下子收缩翅膀，笔直地冲到水里捕鱼。

俯冲捕鱼的鲣鸟

鸟一样,喜欢结成大群出动,数以千计地从空中向水面俯冲,景象十分壮观。

褐鲣鸟主要栖息于热带、亚热带和温带海洋中的岛屿和海岸,有时亦出现于海湾、港口及河口地带。常成群生活,飞翔能力很强,常常在鼓翼飞行一段距离之后又继续滑翔,两种方式交错进行。它也善于游泳和潜水,休息时或是漂浮在水面上随波逐流,或是站立在岸边岩石上。性情较为大胆,叫声响亮而粗犷,主要以各种鱼类为食,也吃乌贼和甲壳动物等。觅食方式主要是通过潜水,常常一边游泳一边不时地潜入水中追捕鱼群,有时也通过在海面上空飞翔、发现猎物后则双翅往后一收,突然俯冲扎入水中,再潜水追捕猎物,有时在海上追踪猎物达数百千米之远。

鸟的飞姿

下面这些照片捕捉到鸟儿的美丽,展现了它们高超的飞行技巧,同时也显示出摄影师卓越的摄影技术。一起来欣赏吧!

这张神奇的照片是摄影师凯文·杜·罗斯在英国诺森伯兰郡法恩群岛拍摄的。如图所示,照片显示的是一只嘴中塞满了小鱼的海鹦在空中悬停。这张照片有很好的对称性。

俯冲的塘鹅一图,摄影师保罗·西里昂在海峡群岛奥尔德尼岛的海岸上,看到一大群塘鹅在空中盘旋、朝海面垂直俯冲。他按下照相机快门,拍下了这

张照片。蔚蓝色的海水和天空融为一体，海天一色。

尽管这张照片中的树云雀并不如其他照片中的鸟类富有魅力，但是它却完美地捕捉到树云雀的空中姿态，反映出这只小鸟要不顾一切护卫自己的"领土"。照片是由摄影师格雷汉姆·凯特利在兰开夏郡拍摄的。

俯冲的塘鹅

红隼追逐仓鸮，这张由摄影师马克·汉考克斯拍摄的照片显示了一只红隼在追逐一只仓鸮，仓鸮口中叼着一只老鼠。

在英国北安普敦郡十二月份金色的阳光中，一只野鸡展翅飞在半空。这只鸟儿直视着照相机镜头，似乎正准备着陆。照片是由摄影师约翰·贝茨拍摄的。

鹰不只击长空，也不放过水里的鱼。

红隼追逐仓鸮

拍鸟绝技

由于生态环境的改善，鸟类大量进入人们的视界。与人为友，拍摄鸟的影友大量涌现。由于鸟类的活动范围大，飞行速度快且灵活机敏，不易接近，拍摄难度是很大的。下面介绍一些拍鸟的诀窍，与读者一起分享，希望能用这些方法帮你拍到更美的飞鸟瞬间！

观鸟悟鸟。拍摄鸟首先要进行深入的观察，在观察中熟悉鸟的生活习性、喜怒哀乐，从中领悟鸟姿鸟语，拍摄时才能心中有数，这是最重要的基本功。

快门优先。很多大师用拍摄静物、人物的方法去指导影友拍摄鸟类，这是个误区。有效的经验是拍摄鸟类90%以上用快门优先，根据拍摄意图确定快门速度。资料片要求清晰，尽量用高速；很多时候需要表现动态，必须要用慢速快门。

守株待兔。此法须先"踩点"，在观察过程中选好蹲守地点，鸟类必经之地或鸟类活动之地都可作为"守点"。在鸟类飞行的路径上拍摄时最好手持相机，无论多么优异灵活的三脚架都不及人和鸟灵活，只会成为累赘。飞行中的鸟活动范围大，角度变化快，要求拍摄者有平心静气的修为和眼疾手快的反应。当鸟类在某一固定地点活动时，最好使用三脚架，可用高速快门和低速快门从容不迫地完成拍摄。用高速快门拍摄的片子有更多的细节，用低速快门能表现出动感和个性。

追随法。这种技巧主要用于鸟类飞行时的拍摄，使影像产生强烈的动感，是动态摄影必备的基本功之一。它包含两个必须同时具备的基本要素——第一是慢速快门；第二是拍摄时镜头与被摄体保持同角度移动，快门一般在1/5秒~1/100秒之间。追随法拍摄又分横向追随、垂直追随、斜向追随。

横向追随是指鸟类在正常飞行时通常是横向水平飞行，这时候镜头要跟随飞鸟同角度移动，相机在低速快门时往往连拍能力会打折，所以要求把握按动快门的时机，在按动快门前后相机持续同角度移动，千万不能停下。

垂直追随是指鸟类在上下垂直运动时极具个性和表现力，这种飞行一般是鸟类情绪激昂时或飞行中突然改变方向的表现，很多优秀的鸟类图片都是在这种时候拍摄的。在追随技巧中，这是难度最大的一种，因其拍摄时机转瞬即逝，这就要求拍摄者首先要具备这方面的功夫，能在瞬间抓住

精彩的画面。

低速快门。有时为了使画面产生动静对比和虚实对比，表现出动态，就要用低速快门并使用三脚架拍摄。在树林里和山坡上也可以使用可变换角度的独脚架，它能更灵活、方便地适应现场地形。

高速快门。为凝结运动，快门速度一般在 1/200 秒以上，大多数在 1/500 秒或以上，有些情况甚至达 1/2 000 秒。一些资料片必须采用高速拍摄以获得清晰的画面，快门速度最好在 1/500 ~ 1/1 000 秒之间。

遥控拍摄。摄影界有句经典

飞鸟瞬间

名言："照片不够好，是因为你离被摄体不够近。"然而在一般的鸟类摄影中，拍摄者不可能离得太近，解决的办法就是把照相机在尽量接近鸟类活动的地方固定，而人从远距离遥控。鸟巢就是一个重要的目标，可以把相机捆绑在鸟巢旁的树枝上。一些数码单反相机的原厂遥控器，遥控距离只能在 8 米以内，但你若买一只附厂生产的遥控器，遥控距离可以达到 20 ~ 30 米。

当你能将以上这些技巧熟练地综合运用于飞鸟拍摄时，相信一切都会变得快乐而美妙。

鸵鸟不能飞

鸵鸟的飞翔器官与其他鸟类不同，是使它不能飞翔的另一个原因。鸟

图与文

鸵鸟是现存体型最大的鸟类，体重有100多千克，身高达2米多。要把这样沉的身体升到空中，确实是一件难事，因此鸵鸟的庞大身躯是阻碍它飞翔的一个原因。

类的飞翔器官主要是由前肢变成的翅膀、羽毛等，羽毛中真正有飞翔功能的是飞羽和尾羽，飞羽是长在翅膀上的，尾羽长在尾部。飞羽是由许多细长的羽枝构成，各羽枝又密生着成排的羽小枝，羽小枝上有钩，把各羽枝钩结起来形成羽片，羽片扇动空气而使鸟类腾空飞起。生在尾部的尾羽也可由羽钩连成羽片，在飞翔中起舵的作用。

为了使鸟类的飞翔器官能保持正常功能，它们还有一个尾脂腺，由它分泌油脂以保护羽毛不变形。能飞的鸟类羽毛着生在体表的方式也很有讲究，一般分羽区和裸区，即体表的有些区域分布羽毛，有些区域不生羽毛。这种羽毛的着生方式，有利于剧烈的飞翔运动。鸵鸟的羽毛既无飞羽也无尾羽，更无羽毛保养器——尾脂腺，羽毛着生的方式为全部平均分布体表，无羽区与裸区之分。它的飞翔器官高度退化，想要飞起来就无从谈起了。

那么，为什么鸵鸟的飞翔器官会退化呢？这要从鸟类的起源说起。据推测大约在两亿年前，由一支古爬行动物进化成鸟类，具体哪一种爬行动物是鸟类的祖先，尚无定论。随着鸟类家族的繁盛以及逐渐从水栖到陆栖环境的变化，在适应陆地多变的环境的同时，鸟类也发生了对不同生活方式的适应变化，出现了水禽如企鹅、涉禽如丹顶鹤、游禽如绿头鸭、陆禽如斑鸠、猛禽如猫头鹰、攀禽如杜鹃、鸣禽如喜鹊等多种生态类型，而鸵鸟是这么多种生态类型的另一种类型——走禽的代表。

长期生活在辽阔的沙漠中，它的翼和尾都退化了，后肢却发达有力，使其能适应沙漠中奔跑的生活。自然法则是无情的，只能适应而不可抗拒。如果鸵鸟的老祖宗硬撑着在空空荡荡的沙漠上空飞翔，而不愿脚踏实地在

沙漠中找些可吃的食物，可能早就灭绝了。退一步讲，如果大自然最早把鸵鸟的老祖宗落户在树林里而不是沙漠上，鸵鸟也许不会成为不会飞的鸟类，但也许它也不会称之为鸵鸟了。

企鹅有翅不能飞

1620年法国的标列(Beaulieu)船长在非洲南端首度惊见会潜游捕食的企鹅时，称其为有羽毛的鱼，其主要食物是小鱼及磷虾，天敌是海豹及逆戟鲸，贼鸥则会攻击其幼雏和捕食企鹅的蛋。

和鸵鸟一样，企鹅是一群不会飞的鸟类。虽然现在的企鹅不能飞，但根据化石显示的资料，最早的企鹅是能够飞的！直到65万年前，它们的翅膀慢慢演化成能够下水游泳的鳍肢，成为目前我们所看到的企鹅。

1887年，孟兹比尔提出过一个理论，认为企鹅有可能是独立于其他鸟类，单独从爬行类演变进化而来。企鹅的鳍翅不是鸟类的翅膀变异形成的，而是由爬行类的前肢直接进化形成的，企鹅根本没有经历过飞翔阶段。后来，科学家们在南极发现了一种类似企鹅的动物化石，它高约1米、体重有9千克，具有两栖动物的特征。这个发现似乎印证了孟兹比尔的猜测。

1981年，日本也发现了一种类似企鹅的海鸟化石。专家认为，这是一种距今3 000万年、不会飞的原始企鹅的化石，或许它就是现代企鹅的史前祖先。

近年，鸟类学家在研究了北半球的海鸦化石的构造之后提出，距今3 000万年前

■图与文

企鹅的祖先是什么样的，它们会不会飞行？目前，很多证据显示，企鹅似乎从祖先开始就不会飞行。

美洲沿岸生活的一种海鸦可能与企鹅的起源关系密切。这种已灭绝了的海鸦也是一种不会飞行的海鸟。科学家们认为，尽管企鹅与海鸦，一个生活在南半球，一个生活在北半球，但它们的骨骼形体却有许多相似之处，不能非亲非故吧？

从以上证据来看，企鹅的祖先就是一种不能飞翔的动物。但是，有些动物学家对此持不同看法。他们依据多年积累的研究资料，断言企鹅的祖先应该是会飞行的，因为从现代企鹅的身体结构上依然能找到它们会飞翔的远祖遗留给后代的烙印。

企鹅是属于企鹅目企鹅科，算是较古老的鸟类，大约在5 000万年前就已经在地球上生活了。现在世界上的企鹅共有18种，只分布在南半球。除了少数例外，多是生活在南极或接近南极的陆地和海洋中。

大部分人认为企鹅只住在寒冷的南极（北半球没有企鹅）。实际上，只有两种企鹅是真正生活在南极大陆上的，其他种类企鹅的足迹可遍布南半球的许多岛屿，如南美洲沿岸、非洲南端、澳洲与新西兰，在气候上跨越了寒带、温带与热带。分布最北的一种企鹅甚至在赤道附近一个叫加拉帕戈斯岛的地方。奇怪的是企鹅从不会跨过赤道线跑到北半球。

企鹅全分布在南半球，南极与亚南极地区约有8种，其中在南极大陆海岸繁殖的有2种，其他则在南极大陆海岸与亚南极之间的岛屿。企鹅常以极大数目的族群出现，占有南极地区85%的海鸟数量。

企鹅可以说是最不怕冷的鸟类。以帝企鹅来说，它全身羽毛密布，并且皮下脂肪厚达2～3厘米。这种特殊的保温设备，

可爱的皇帝企鹅

使它在零下60℃的冰天雪地中，仍然能够自在生活。如果人类暴露在这种低温中，最多也活不过10分钟。此外，生活在寒带的企鹅，鼻孔里面还长有羽毛，飘雪时可以防止雪花进入鼻孔，温带的企鹅就没有这种装备。

企鹅耐寒，但却很不耐热。温带地区的企鹅多半都在黎明或黄昏时才活动，日正当中时，它们就躲在阴凉处避暑。南美有一种麦哲伦企鹅，每年七八月时移栖到乌拉圭的沙滩，春天来临时，如果水温和气温骤然上升，常会有数以百计的企鹅因此热死！

企鹅是典型的海鸟，它虽然不会飞，但是游泳的本领在鸟类中是超级选手。许多水鸟游泳是靠长有蹼的双脚在水中划动而前进，企鹅的脚虽然也长有蹼，却只用来当做控制方向的舵，前进的力量全靠那双船桨般的翅膀，在水中振翅飞翔。

企鹅游泳的速度非常快，帝企鹅1小时可游约10千米，白顶企鹅则有1小时游36千米的纪录，是所有鸟类中游得最快的。

企鹅常常用海豚式的泳姿，也就是潜泳一段距离，露出水面换气后，再潜下去继续游。事实上，企鹅也是鸟类当中的潜水冠军，它曾有潜入水中18分钟，和潜入水下265米的纪录。

潜水的企鹅

第三章
另类的飞行

俗话说："海阔凭鱼跃，天高任鸟飞。"其实在动物王国里，除了鸟类之外，还有许多会飞的动物。它们虽然没有鸟类那样令人羡慕的翅膀，但"飞行"起来毫不逊色，堪称大自然的奇观。想知道还有哪些动物也能飞行吗？仔细看看吧！

点水的蜻蜓

蜻蜓属于昆虫纲、蜻蜓目，它的英文名称是 dragonfly。世界已知约 5 000 种，我国已记载 400 多种。全球广泛分布，多数种类生活在热带和亚热带地区，除了南、北极之外，蜻蜓几乎无处不飞翔，大型的蜻蜓多分布于热带地区。英国伦敦自然史博物馆里收藏着一只采自婆罗洲的大型蜻蜓，体长 108 毫米，翅展 193.8 毫米。蜻蜓主要有两个亚目：均翅亚目（豆娘亚目）：身体细，两对翅的形态很相似，休息时四翅直立在背上；差翅亚目（蜻蜓亚目）：体粗壮，后翅基部比前翅宽，休息时两对翅平伸。

蜻蜓的 4 只翅膀中

图与文

蜻蜓也许是地球上最好的飞行器。蜻蜓是最古老的一种有翅类昆虫，它在 3 亿年前就出现了。蜻蜓的活动时间是在炎热夏季的中午，它们喜爱阳光。在野外的天空中，它们看上去是如此美丽。

美丽的蜻蜓

的每一只,都由独立的肌肉群控制。它可以在飞行过程中停止、向后飞、垂直飞行,或者突然以高速向前猛冲。这样的飞行技能令任何鸟类乃至人类都望尘莫及。它还有一个体内飞行稳定器。蜻蜓的头部保持着水平飞行的姿态,头后的纤毛则像感受器一样监视着翅膀与身体的位置,并在飞行中不断地进行调整。

蜻蜓是昆虫中的飞行能手,蜻蜓的翅质薄而轻,重量只有 0.005 克,每秒却可振动 30～50 次;它们的飞行速度可达每小时 40.23 千米,冲刺飞行速度可高达 40 米/秒。你看它的形状是不是很像一架小型飞机:平展的四翼、细长的腹部,还有那飞翔时平稳的样子。

蜻蜓飞翔起来十分灵活,它既能够快速飞行,迅速变换方向和高度,又能在某一高度缓缓滑翔,或悬浮在半空中,甚至还能倒飞、侧飞、直上直下,可以说是随心所欲。即使最现代化的飞机也远远不及蜻蜓的飞行本领。有些蜻蜓能够长途飞行,飞越几千万千米。蜻蜓不凡的飞行技能应归功于它具有发达的翅肌和气囊,前者使翅能快速扇动,后者贮有空气,可以调节体温,增加浮力,因而它能自如地停留在空中。它那两对膜质的翅膀上布满了纵横交错的翅脉,使蜻蜓的翅既轻又结实。翅的前缘有角质加厚形成的翅痣,可别轻看了这小小的翅痣,它是蜻蜓飞行的消振器,能消除飞行时翅膀的振颤。如果去掉它,蜻蜓飞起来就会像喝醉了酒一样摇摇摆摆,飘忽不定。在航空史上,

蜻蜓点水

47

飞机由于剧烈振动而时常发生机翼断裂，后来飞机设计师根据蜻蜓的翅膀逐渐摸索出了解决的办法，在飞机的两翼各加一块平衡重锤。

蜻蜓甚至可以在空中进行交配，这显示出一种协调翅膀运动的独特能力。蜻蜓点水实际上是在向水中甩卵。有的卵产在植物上，有的产在木头上，有的产在地上。

当空中充满着闪闪发光的银色翅膀时，其他小昆虫便处于危险的境地了。蜻蜓在飞行中狩猎，用篮子一样伸在前面的腿部捕获飞虫。它们最喜欢吃的食物是蚊子。

蜻蜓在空中展示优雅与美的时间很短暂，不过几个星期而已，这只占它全部生命的一小部分。绝大多数蜻蜓的两到三年的生命旅程都是以蛹或者幼虫的形态度过的。蜻蜓那精巧的翅膀是在3亿年前就设计好了的。它们在空中的力量来自那些翅脉，翅脉赋予翅膀弹性与伸缩性。蜻蜓的眼睛也许是昆虫世界里最美的眼睛了，它们覆盖了头部的绝大部分，眼睛还可以转动，使它能够看到左右180°、向上70°、向下40°的视野范围。

丑陋的蝙蝠

人们常用"飞禽走兽"一词来形容鸟类和兽类，但这种说法有时却并不一定正确，因为有一些鸟类并不会飞，如鸵鸟、鸸鹋、几维和企鹅等；同样也有一些兽类并不会走，如生活在海洋中的鲸类等，而蝙蝠类不但不会像一般陆栖兽类那样在地上行走，却能像鸟类一样在空中飞翔。尽管它们有翅膀，看上去很像鸟类，但它们没有羽毛，也不生蛋。它们是哺乳动物的原因：雌性产下幼仔，用乳汁哺育。

蝙蝠是哺乳类中古老而十分特化的一支，因前肢特化为翼而得名，分布于除南北两极和某些海洋岛屿之外的全球各地，以热带、亚热带的种类和数量最多。

蝙蝠有用于飞翔的两翼,翼的结构和鸟翼不相同,是由联系在前肢、后肢和尾之间的皮膜构成的。前肢的第二、三、四、五指特别长,适于支持皮膜;第一指很小,长在皮膜外,指端有钩爪。后肢短小,足伸出皮膜外,有五趾,

■图与文

蝙蝠的胸肌十分发达,胸骨具有龙骨突起,锁骨也很发达,这些均与其特殊的运动方式有关。它非常善于飞行,但起飞时需要依靠滑翔,一旦跌落地面就难以再飞起来。飞行时把后腿向后伸,起着平衡的作用。

趾端有钩爪。休息时,常用足爪把身体倒挂在洞穴里或屋檐下。在树上或地上爬行时,依靠第一指和足抓住粗糙物体前进。

某些种类的蝙蝠是飞行高手,它们能够在狭窄的地方非常敏捷地转身,蝙蝠是唯一能振翅飞翔的哺乳动物,其他像鼯鼠等能飞行的哺乳动物,只是靠翼形皮膜在空中滑行。夜间,蝙蝠靠声波探路和捕食。蝙蝠分辨声音的本领很高,其耳内具有生物波定位的结构。蝙蝠非常适合在黑暗中生活,它的眼睛几乎不起作用,能发出人类听不见的声波。当这声波遇到物体时,会像回声一样返回来,由此蝙蝠就能辨别出这个物体是移动的还是静止的,以及离它有多远。它能听到的声音频率可达300千赫/秒,而人类的一般在14千赫/秒以下。长耳蝙蝠在飞行中捕食昆虫,就能从叶子上把昆虫抓下来。

蝙蝠是仿生学的典范,超声波定位原理导致了现代雷达的诞生。那么作为唯一会飞翔的哺乳动物,蝙蝠的飞行原理是怎样的呢?

瑞典科学家最新的一项研究发现,蝙蝠和鸟类飞行的空气动力学机制存在着不同,在飞行速度较慢时,蝙蝠扇动翅膀的模式更接近于黄蜂。这种差异使蝙蝠具有极佳的机动性,能够在高速飞行中快速转弯,同时也能够在低速飞行时获得更多的升力。这一研究结论将有助于新型飞行器的设

计。《科学》杂志以封面文章的形式报道了这一研究成果。

领导该研究的是瑞典隆德大学，科学家们通过对风道中吸蜜蝙蝠翼下的气流形状进行拍摄研究，他们发现蝙蝠在飞行过程中产生的旋转涡流比鸟类更加复杂，而且在上行程（翼翅向上向后的运动过程）中会产生更大的力。

之前的研究表明，鸟类在飞行时两翼后侧分别产生的空气涡流会发生合并，形成单一的气流环，这样能够尽可能地减少飞行中产生的扰动和身体后方的拉力。而最新的研究表明，蝙蝠的飞行机制并非如此。蝙蝠膜状翼后方产生的涡流不会合并，两翼基本保持独立运行。尽管这样会减少空气动力作用的效率，但会给蝙蝠带来其他的好处：快速转弯。英国牛津大学动物行为学家 Graham Taylor 对此表示赞同，他说："很明显，蝙蝠是很棒的飞行者。"

新的研究同时表明，在飞行速度较低时，蝙蝠翅膀向上扇动的过程中会产生很大的力。尽管过强的力对鸟类而言绝非好事（鸟类通过将翅端羽毛分开来刻意避免这一状况），但对蝙蝠却有特殊的意义。蝙蝠翅膀向下扇回时能够产生较大的升力，这一飞行方式很像大黄蜂。蝙蝠两翼会在扇动过程中产生弯曲，这就好比航海时水手利用风帆向预定的方向前进。

科学家们推测，鸟类和吸蜜蝙蝠的飞行机制之所以会有所不同，可能是由于后者没有尾巴，因此无法利用鸟类的涡流模式进行飞行。

擅长夜晚飞行的蝙蝠拥有独特的回声定位，通过发出高音频声音并能根据回声判断物体的方位及距离，这种能力可帮助蝙蝠准确判断猎物所在的位置，并有效地绕开树、建筑物等。依据这一理论，蝙蝠的回声定位功能在近距离飞行中可以游刃有余，但对于远距离飞行而言，视力非常差的蝙蝠似乎无计可施了。

目前，霍兰德的一项研究推翻了这种错误观点，他指出蝙蝠具有磁性感官能力，在飞行数千英里之远仍能准确判断方向，蝙蝠的这种能力与某些鸟类有相同之处，除依据磁场，它们还都使用日落作为方向标识器。这

将有助于调整动物体内的"指南针",并有效地区分磁场北向和真实北向之间的差别。霍兰德说:"通过这项研究进一步增强了我们对蝙蝠深入研究的兴趣,原本我们认为蝙蝠只有最远飞行几英里,但实际看来,它们与候鸟具有相同之处,可以飞行至数千英里。"

在研究实验中,霍兰德带领研究小组在大褐蝙蝠身体上装配了微型无线电发射器,然后从它们栖息地向北19千米处释放,在蝙蝠返回栖息地的过程中,研究小组通过小型飞机在蝙蝠上空进行监控。一些未受到人造磁场干扰的蝙蝠基于日落磁场识别能力向南飞行,很轻易地就找到了自己的家。

然而在此之前,研究小组释放了两组蝙蝠,分别处于地球磁场北极顺时针90°和逆时针90°的人造磁场环境中。处于逆时针90°磁场飞行的蝙蝠一直向西飞行;另一组受顺时针90°磁场的干扰,却一直向东飞行,但这些差点迷失方向的蝙蝠通过日落作为方向标识器,最终意识到飞行方向错误,改变飞行方向顺利地返回栖息地。

目前,科学家们知道自然界的动物主要分为两种类型磁性感官定位:一种是简单的"指南针"感官功能,这是基于体内磁铁矿颗粒与外界环境发生的反应;另一种则是某些鸟类能根据处于地球磁场不同位置所"看到"的磁场光强度,来准确判断飞行方向。

蝙蝠由于其貌不扬和夜行的习性,总是使人感到可怕,外文中名字的原意就是轻佻的老鼠,不过在我国由于"蝠"字与"福"字同音,所以在民间尚能得到人们的喜爱,将它的形象画在年画上。

蛇"飞"半空

飞蛇即天堂金花蛇(Chrysopelea paradisi),生活在东南亚的雨林里。这种蛇没有翼膜,而是把体表展开到最大限度后从树梢跳下,在空中滑翔。

这种蛇从一端滑行到另一端，慢慢靠近自己的既定目的地。

该蛇分布于东南亚，栖居在森林及花园中，体形十分细长纤细，行动敏捷的日行树栖性蛇种。当它需要逃离天敌或迅速下到地面时，可以将身体各部向内凹，使得自己能从树顶快速滑翔下来。此外，其鳞片上的纵脊也能使它快速爬上又高又直的椰子树。本种在野外主要以小型哺乳类、小蜥蜴与鸟类为食，卵生，每次产约5~8枚卵。

体长约1~1.2米，这是金花蛇属中花纹最为醒目的蛇种。其身体覆盖着复杂的斑点，可能包括黑色、绿色、黄色、橙色及红色区块，形成紧密的山形花纹。其长而扁的头部上缀有条纹，并有着一对具有圆形瞳孔的大眼睛。

从摄像机捕捉到了天堂金花蛇的镜头图像慢放可以看出，它首先是"起飞"——蛇身低低垂着，接着它的脑袋左右摆动，扫视、搜寻下面的降落点。一切准备就绪后，它向上抬起身体，就在最恰当的一刻松开尾巴，让自己向上弹了出去。此时，蛇把肋骨伸展开来，使身体的宽度加倍。这时，它不像是圆柱形，反倒更像一条弯曲的丝带。接着，它以陡直的角度下落1.5~3米，获取空中速度。它在半空里蛇行前进，时速大约32千米。这是地球上所有"飞蛇"当中行进速度最快的一种。

■ 图与文

生活在东南亚雨林的天堂金花蛇，敏捷地穿梭于枝叶茂密的树冠层中，猎捕蜥蜴为食。虽然天堂金花蛇之类对人大多无害，但其毒性足以让壁虎丧命。它也可以活活把猎物勒死，然而它最了不起的适应性表现是能从半空中滑过。

侧面看，蛇的头部似乎是静止的，而不同角度获取的画面，显示出它的脑袋一直在动，它的头前前后后地微微摆动着。

最大的疑问是，这些蛇在飞行途中如何改变方向呢？高解析度的镜头，让杰克第一次看到蛇的尾巴

飞 行

在空中摆动的细节。它是把尾巴当成方向舵了，还是身体形状的细微变动使它在半空中转向呢？

今天，我们无法获得所有的答案。需要对每帧图像进行研究，再和全景摄像机拍到的画面交叉比对，展开更为详尽的分析。或许，还要经过几个月、甚至几年的工作，才能破解"飞蛇"的所有秘密。

蛇体内的肌肉系统相当复杂。基本上，里头是一根管子，上面全都裹着肌肉——有意思的是，这些肌肉朝着各个方向生长，所以从脊椎到肋骨，从肋骨到肋骨，从一块肌肉到另一块肌肉，全都连结在一起。蛇的肌肉不同，蛇的横向肌肉最强壮，用于侧向运动……然而，真要移动的话，大多数也还需要握力。它们需要抓握什么东西来使劲，需要某种摩擦力。如果没有摩擦力，就得改变运动方式。比如，角响尾蛇在沙地上移动，而沙子的摩擦力很小，所以它们就得改变自己的运动方式。在半空中滑行的蛇是类似的情况，因为空气几乎没有摩擦力。

腾飞的树蛇

蛇不用人类帮助，就能腾空飞起来。事实上，会飞的树蛇是在空中滑翔，而非飞行。它们能在空中滑行99.97米后，再降落到另一棵树顶上。它们爬行到树顶，让自己突然弹入空中，通过扭曲身体促使自己向前滑行，然后降落在其他树顶上或者森林的地面上。

树栖蛇类，尤指游蛇科者，捕食鸟、树栖蜥蜴和蛙类。著名的过树蛇属产于东南亚至澳大利亚一带。澳大利亚仅有几种游蛇，其中最常见的是分布在北部和东部地区的绿树蛇。其头小，体前部细，长达1.8米。南美洲北部的绿树蛇体细长，头宽大。皮带蛇属分布于热带美洲，皆营树栖生活；毒牙特别细长，着生在口腔后部；多挺直身体呈"工"字梁形，在树枝之间穿行。飞蛇、猫眼蛇和鞭蛇亦常称为树蛇。

■ 图与文

滑翔中，它们尽量将身体展平，使体宽变成原来的两倍，形成一个向上凸起的结构，就像降落伞一样，然后以S形运动轨迹在半空中飞行，以保持身体平衡，使滑翔不致失控。

在斯里兰卡的热带雨林中，有一种会飞的树蛇。当地人把这种蛇叫做"卡拉奥拉"。这种色彩鲜艳的蛇是完全无毒的，它不仅美丽而且会飞。当它从一棵树移向另一棵时，树蛇舒展身躯，依靠空气浮力的帮助，能够滑行20多米远的距离，并且可以爬上看起来十分光滑的树木，哪怕是极微小的一点突起物也可以支撑它柔软的身体。这种树蛇是一种日间活动的蛇，通常以变色龙、鸟和蛙为食。

被树蛇咬到也有生命危险，众所周知它们会袭击人类。不过，它们的毒性较小，而且飞蛇落在从丛林里穿过的人身上的可能性非常小。

被咬后会出现七窍流血身体失控的症状。虽然毒性较小，但解毒血清只有一种并在特定唯一的一座城市里才有生产，而且此处距离非洲较远，所以一般死亡率也极高。加之树蛇隐蔽性强反应迅速，所以被意外攻击的可能性并不小。

飞行壁虎

壁虎是蜥蜴目的一种，又称守宫，体背腹扁平，身上排列着粒鳞或杂有疣鳞，指、趾端扩展，其下方形成皮肤褶襞，密布腺毛，有黏附能力，可在墙壁、天花板或光滑的平面上迅速爬行。

飞 行

其中壁虎属约20种,中国产8种,常见的有多疣壁虎、无蹼壁虎、蹼趾壁虎与壁虎。壁虎受到强烈干扰时,它的尾巴可自行截断,以后还能再生出来新尾巴。壁虎的尾巴为什么断了还能生长呢?

当壁虎遇到敌人攻击时,它的肌肉剧烈收缩,使尾巴断落。刚断落的尾巴由于神经没有死,不停地动弹,这样就可以用分身术保护自己逃掉。同时壁虎身体里有一种激素,这种激素能再生尾巴。当壁虎尾巴断了的时候,它就会分泌出这种激素使尾巴长出来,当尾巴长好了之后,它就会停止分泌。壁虎的断尾是一种

壁 虎

"自卫",这种现象在动物学上称作"自切"。

有种壁虎拥有翼膜,它们可以借助这个工具从树梢降落或说滑翔而下。人们经常把飞行壁虎当作宠物喂养。

飞行壁虎主要生活在东南亚的热带雨林一带,也有部分进入人类的房屋内生活。有不少爱好者在马来西亚捕捉到。

图与文

飞行壁虎是蜥蜴目的一种,体背腹扁平,被覆镶嵌排列的粒鳞或杂有疣鳞,指、趾端扩展,其下方形成皮肤褶襞,拥有翼膜,可在墙壁、天花板或光滑的平面上迅速爬行,或是高处滑翔而下。体色一般为铜褐色,体型比大壁虎小,一般以昆虫类为食。

能飞的树蛙

黑蹼树蛙树栖性强，体极扁平，胯部细，指、趾间的蹼发达，肛部和前后肢的外侧有肤褶，增加了体表面积。从高处向低处滑翔时蹼张开，可以减慢降落的速度。黑掌树蛙可从 4～5 米的高处抛物线式滑翔到地面，从而有飞蛙之称。

树蛙有 2 500 万岁，你相信吗？这位"超级元老"就藏在墨西哥一珍贵的琥珀中。

科学家们对这块在墨西哥发现的珍贵琥珀进行研究后发现，琥珀中完整保存的一只小树蛙有 2 500 万年。这块罕见的琥珀是墨西哥南部恰帕斯州的一名矿工在 2005 年无意中发现的，黄色的琥珀中完好地保存着一只小树蛙。

此后，一位私人收藏家买下了它，后来又"暂借"给科学家们进行研究。科学家通过对这块琥珀以及它被埋藏的地质层展开研究，推断琥珀中的树蛙已经有 2 500 万年的历史。有专门研究琥珀的学者表示，从理论上说，如果这块琥珀密封得很好，它体内的 DNA 物质就不会被氧化，人类还有可

图与文

树蛙，无尾目树蛙科的一属，体多细长而扁，后肢长，吸盘大，指、趾间有发达的蹼，末端两指（趾）骨节间有介间软骨（科征），与树栖生活相适应。可以用其在空中滑翔。树蛙科有 10～12 属 200～300 种，广泛分布于亚洲和非洲热带和亚热带地区，在马达加斯加岛上也能见到。最著名的树蛙当数亚洲的几种飞蛙，如黑掌树蛙和黑蹼树蛙等。中国有 29 种，斑腿树蛙分布最广，北达甘肃南部，南至西藏南部。

能从它身上提取 DNA 样品。

飞 行

彩虹飞蜥

飞蜥(又名彩虹飞蜥)是一种普通的灰色蜥蜴,头部红色或黄色,生活在花园、灌木丛和草原,是蜥蜴亚目飞蜥科飞蜥属蜥蜴,约 30 种,非特化的蜥蜴,体长 0.3～0.45 米,脊突或垂肉不发达,分布在非洲、欧洲东南部和印度中部多岩石的荒漠地区。山飞蜥为埃及北方的常见种类,其尾周围覆满钉状鳞片,相貌凶恶。

飞蜥具有发达的喉囊和三角形颈侧囊,尾长约为体长的 1.5 倍。中国产裸耳飞蜥和斑飞蜥两种,分布于云南、西藏、广西和海南,栖息于热带、亚热带海拔 700～1 500 米的森林中,常在树上活动,很少下到地面。在树上爬行觅食时,翼膜像扇子一样折向体侧背方;在林间滑翔时,翼膜向外展开。滑翔可改变方向,但不能由低处飞向高处。

飞蜥虽多为褐色或灰色,雄体于交配季节发生明显的体色变化,变成鲜红、蓝及深浅不等的黄色。有些种类的雌体进行求偶。飞蜥每产 2～20 卵,每年可产卵数次。

■图与文

在热带森林中,有一种变温动物——飞蜥,俗称飞龙。它的飞行器官不是由前肢演化而来。它的体侧伸出有 5～7 根肋骨,每个肋骨有活动的关节,由它控制着连在肋骨上的翼膜,可展开、收拢。它们从树上下滑时,可滑行大约 20 米。

飞鱼的秘密

其实，没有真正会飞的鱼，这种名叫"飞鱼"的鱼，可以在高速游动中跃出水面，然后借助长长的鱼鳍在空中"滑翔"一段。有许多种会飞的鱼，它们的胸鳍不但宽而且长，它们会在水中突然加速，靠惯性跃出水面，并在空中展开它的翼状的胸鳍，飞行距离数十米到上百米。中国沿海水域均有飞鱼。

■ 图与文

在我国南海和东海上航行的人们，经常能看到这样的情景：深蓝色的海面上，突然跃出了成群的"小飞机"，它们犹如群鸟一般掠过海空，高一阵，低一阵，翱翔竞飞，景象十分壮观。有时候，它们在飞行时竟会落到汽艇或轮船的甲板上面，使船员"坐收渔利"。这种像鸟儿一样会飞的鱼，就是海洋上闻名遐迩的飞鱼。这是一种中小型鱼类，因为它会"飞"，所以人们都叫它飞鱼。

在2008年5月，日本NHK电视台的职员在屋久岛海岸附近拍摄到一段飞鱼飞行的视频片段，时间长达45秒钟，这是目前最长的飞鱼飞行视频纪录，之前的世界纪录为42秒。

飞鱼长相奇特，胸鳍特别发达，像鸟类的翅膀一样。长长的胸鳍一直延伸到尾部，整个身体像织布的"长梭"。它凭借自己流线型的优美体型，在海中以每秒10米的速度高速游动。它能够跃出水面十几米，空中停留的最长时间是40多秒，飞行的最远距离有400多米。飞鱼的背部颜色和海水接近，它经常在海水表面活动。蓝色的海面上，飞鱼时隐时现，破浪前进的情景十分壮观，是南海一道亮丽的风景线。

飞鱼可做连续滑翔，每次落回水中时，尾部又把身体推起来。较强壮的飞鱼一次滑翔可达180米，连续的滑翔（时间长达43秒）距离可远至400米。

飞鱼为什么能像海鸟那样在海面上飞行呢？飞鱼多年来引起了人们的兴趣，随着科学的发展，高速摄影揭开了飞鱼"飞行"的秘密。

滑翔的飞鱼

说得确切些，飞鱼的"飞行"其实只是一种滑翔而已。科学家们发现，飞鱼实际上是利用它的"飞行器"尾巴猛拨海水起飞的，而不是像过去人们所想象的那样，以为是靠振动它那长而宽大的胸鳍来飞行。飞鱼在出水之前，先在水面下调整角度快速游动，快接近海面时，将胸鳍和腹鳍紧贴在身体的两侧，这时很像一艘潜水艇，然后用强有力的尾鳍左右急剧摆动，划出一条锯齿形的曲折水痕，使其产生一股强大的冲力，促使鱼体像箭一样突然破水而出，起飞速度竟超过18米/秒。飞出水面时，飞鱼立即张开又长又宽的胸鳍，迎着海面上吹来的风以大约15米/秒的速度作滑翔飞行。当风力适当的时候，飞鱼能在离水面4～5米的空中飞行200～400米，是世界上飞得最远的鱼。有人曾在热带大西洋测得飞鱼最好的飞翔纪录：飞行时间90秒，飞行高度10.97米，飞行距离1 109.5米。当飞鱼返回水中时，如果需要重新起飞，它就利用全身尚未入水之时，再用尾部拍打海浪，以便增加滑翔力量，使自己重新跃出水面，继续短暂地滑翔飞行。显而易见，飞鱼的"翅膀"其实并没有扇动，而只是靠尾部的推动力在空中作短暂的"飞行"。有人曾做过这样的试验，将飞鱼的尾鳍剪去，再放回海里，由于它没有像鸟类那样发达的胸肌，不能扇动"翅膀"，所以断尾鳍的飞鱼再也不能腾空而起了。

飞鱼的精彩瞬间

飞鱼是生活在海洋上层的鱼类，是各种凶猛鱼类争相捕食的对象。飞鱼并不轻易跃出水面，每当遭到敌害攻击的时候，或者受到轮船引擎震荡声刺激的时候，才施展出这种本领。可是，这一绝招并不绝对保险。有时它在空中飞翔时，往往被空中飞行的海鸟捕获，或者落到海岛，或者撞在礁石上丧生，有时也会跌落到航行中的轮船甲板上，成为人们餐桌上的佳肴。这种情况往往发生在晚上，因为飞鱼的视力在白天敏锐，晚上常常盲目飞翔。

飞鱼在海中的主要食物是细小的浮游生物，每年的四五月份，它从赤道附近到我国的内海产"仔"，繁殖后代。它的卵又轻又小，卵表面的膜有丝状突起，非常适合挂在海藻上。以前渔民们根据飞鱼的产卵习性，在它产卵的必经之路，把许许多多几百米长的挂网放在海中捕捉它们。目前国家有了保护措施，自此这种美丽的鱼类受到了保护。

银汉鱼目飞鱼科约是40种海洋鱼类的统称，广布于全世界的温暖水域，以能飞而著名。它体型皆小，最大约长0.45米，具翼状硬鳍和不对称的叉状尾部。有些种类具双翼而仅胸鳍较大，如分布广泛的翱翔飞鱼，有些则有四翼，胸、腹鳍皆大，如加州燕鳐。

硬骨鱼纲颌针鱼目飞鱼科鱼类的通称，共有8属50种。体型较短粗，稍侧扁，吻短钝，两颌具细齿，有些种类犁骨、腭骨或舌上具齿；鼻孔两对，较大，紧位于眼前；鳔大，向后延伸；无幽门盲囊；被大圆鳞，易脱落，

头部多少被鳞；侧线低，近腹缘；臀鳍位于体后部，约与背鳍相对，无鳍棘；胸鳍特别长，最长可达体长的3/4，呈翼状；有些种类腹鳍发达；尾鳍深叉形，下叶长于上叶；体色一般背部较暗，腹侧银白色，胸鳍色各异，有黄暗色斑点，或淡黄色，或具淡黄白色边缘，或条纹。为热带及暖温带水域集群性上层鱼类，以太平洋种类为最多，印度洋及大西洋次之。中国及临近海域记录有6属38种，以南海种类为最多。

巴巴多斯以盛产飞鱼而闻名于世，在巴巴多斯的一元硬币上，就有一个飞鱼的图案。飞鱼其实不会飞，而是依靠长而宽大的胸鳍滑翔。飞鱼在出水前，先在水面下调整角度快速游动，快到海面时，就将胸鳍和腹鳍紧贴在身体两侧，然后用强有力的尾鳍左右急剧地摆动，产生强大的冲力，促使身体像箭一般破水而出。飞出水面时，飞鱼又会立即张开又长又宽的胸鳍，迎风"飞翔"。

巴巴多斯的飞鱼有100多个种类，小飞鱼不过手掌大，大的有2米多长。据当地人说，大飞鱼能跃出水面约400米高，可以在空中一口气飞行3 000多米！显然这种说法太夸张了，但飞鱼的确是巴巴多斯的特产，也是这个岛国的象征，许多娱乐场所和旅游设施都以"飞鱼"命名，用飞鱼做成的菜肴则是巴巴多斯的名菜之一。

站在海滩上放眼眺望，一条条梭子形的飞鱼破浪而出，在海面上穿梭交织，迎着雪白的浪花腾空飞翔。繁花似锦的"抛物线"，仿佛美丽的喷泉令人目不暇接。瞬息万变的图景美丽壮观，令人久久难忘。游客们在此不仅能观赏到"飞鱼击浪"的表演，还可以获得一枚制作精致的飞鱼纪念章。巴巴多斯因而得了"飞鱼岛国"的雅号。

蝠鲼

蝠鲼隶属于鲼科蝠鲼属，这种鱼身体扁平，有两个强大的胸鳍，在海

■ 图与文

蝠鲼是一种长相非常奇怪、生活在海洋当中的鱼类，它和我们熟悉的鲨鱼有近亲关系，同属于软骨鱼类，就像一只展翅飞翔的巨大蝙蝠一样，因此人们俗称它为"蝙蝠鱼"。

中巡游，有时可飞出海面滑翔几米，很少到海面30米以下的地方，以甲壳类动物为食，有强有力的齿，可以咬碎甲壳，齿大似板状，有1～7排。胸鳍前突起一个肉质叶，好像鸭子的嘴，尾部细长，可以和身体等长，尾尖有毒刺，一般体形不大，连尾部一起最大也不会超过两米。英文所指的魔鬼鱼，就是这种生物。

蝠鲼科是鳐目中最大的种类，体长可达8米，重达3吨，身体扁平，有强大的胸鳍，类似翅膀，在海洋中巡游，胸鳍前有两个薄、窄、似耳朵的突起，可以向口中收集食物，牙齿细小，主要以浮游生物和小鱼为食，经常在珊瑚礁附近巡游觅食，性情温和。目前只发现有3种。

蝠鲼生活在热带海洋中，我国南海、台湾海域也是它经常出没的场所。它的身体在6米长左右，体重可达1～4吨，头上长有两个突出来的、可以摆动的肉角，叫做"头鳍"，位于眼睛两侧，能够自由转动。在捕食时，两个头鳍就不停地摆动，好像两只手一样，把食物迅速地拨进宽扁的嘴里，饱饱地美餐一顿。在它身体的两侧，有两个宽阔而扁平的胸鳍，与身体相连接，形成一个可以在海洋中自由"飞翔"的"翅膀"，伸展开后可达5～6米宽。游泳的时候，它的胸鳍能做波浪形摆动，就如同鼓翼飞行的蝙蝠一样。蝠鲼的背部为灰绿色，上面覆有白斑，腹部雪白，身体后端还有一条好像鞭子一样的长尾巴，在游泳的时候能够起到平衡的作用。蝠鲼行动敏捷，两个宽阔的胸鳍是它在水中遨游的"翅膀"。

双吻前口蝠鲼生活在热带、亚热带海洋中，扁平带长尾，长约6～7米，重约2吨。它可以自由地在海底和中层水域畅游。在繁殖季节，更为活跃，

它可用双鳍拍击水面，腾空滑行，落水时发出很大的声响。

每当到了繁殖的季节，它们便雌雄相伴，向海面游去。别看它的身宽体重，这时的蝠鲼会使劲摆动自己的胸鳍，用力拍击水面腾空跃起，能在距

腾空跃起的蝠鲼

水 4 米高的空中，拖着长尾滑翔。有时，在海洋中航行的船只，遇到蝠鲼一时兴起，跳出水面，它能够跨过人的头顶，越过甲板，然后落入水中。随之而来的是一声如同开炮一样的巨响，激起无数浪花。这种声响就是在数千米外都能听到。要是不幸被这庞然大物砸到，那么小船必定是船毁人亡了，而且雌蝠鲼会在腾空飞跃时，就顺便把小蝠鲼也产了出来，小蝠鲼直接掉入水中，开始新的生活。

会飞的鼠

棕鼯鼠又叫赤鼯鼠、大鼯鼠、大飞鼠、红色巨飞鼠等，大鼯鼠毛皮柔软致密并细亮如丝，色泽美观，是亚洲大型鼯鼠之一，具有观赏价值。

棕鼯鼠体长 360～480 毫米，尾长 330～425 毫米，后足长 68～75 毫米，体重约 600 克。身体背面、皮翼、足和尾上面均呈闪亮赤褐色到暗栗红色；颈背及体背面中间部分毛色较深暗；体腹面带粉红色或橙红色，至皮翼边缘下面逐渐成为赤褐色，腹部两侧白色。耳壳后有少许黑色毛。眼周及颊部黑色，颏有一小褐斑。全身色调在成年兽更显深红，幼兽则褐红而黄。

棕鼯鼠栖息于海拔 1 500～2 400 米的山地亚热带常绿阔叶林与针叶林

棕鼯鼠标本

中，在热带雨林、季雨林中海拔一般不超过2 500米，以岩洞、石隙、树杈上其他大型鸟类的弃巢为穴。晨昏时活动较频繁，活动以攀、爬、滑翔相交替，习惯夜间活动，以树叶、嫩枝和果实为食。在树洞中营巢，一年四季均活动。昼间藏匿于树洞，或蜷缩在树上，一般离地面20米以上，夜晚利用皮翼滑翔于树间。觅食于针叶树阔叶树树冠下部的树枝间，主要以水果、坚果、嫩枝、嫩草为食，有时也吃昆虫及其幼虫。

中国福建武夷山森林中，有一种棕鼯鼠，成年体重为850～1 200克，体长约35厘米，尾长40～50厘米。在它的前后肢之间，有一膜相连，当四肢伸向两侧时，飞膜可宽达45厘米左右。它从高树上往下滑行，滑行距离可达30米左右，遇到合适的环境，最远可滑行180米。

泰国的热带丛林

■图与文

棕鼯鼠为体型较大的鼯鼠，尾长，一般呈圆柱形，有些较小种类的尾略扁。肢骨细长，有的肱骨远端有一明显内上髁孔，这种原始特征在啮齿类中是少见的。后肢腓骨甚为细长，但完整。前臂的骨也极其细长。腕部与小飞鼠之类一样，有1根软骨用以撑开滑翔皮翼前缘。

里有世界最小的哺乳动物——小飞鼠。它体重约为2克，体长3厘米，头长11毫米，翼展5.5厘米，以小昆虫为食。

猫猴

鼯猴家族的飞行狐猴既不是真正的狐猴，也不会真飞，它们是与灵长类动物亲缘关系最近的4种鼯猴。它们的马来群岛名字猫猴却非常出名。这些哺乳动物生活在东南亚，大小跟家猫差不多。猫猴利用前后腿之间的翼膜在树与树之间滑翔，这层皮肤薄膜从脖子一直延伸到尾部。猫猴的脚趾间甚至长有蹼。

猫猴栖息在热带树林中，日间倒悬在树上，夜间活动，以树叶和果实为食。

据国外媒体报道，它们并不是猴子，也不会真正地飞行，但有关"飞行狐猴"的故事却格外令人好奇。如今遗传材料检测已经证实，这种玩特技的灵长类动物其实有3种。

据悉，这些猫猴是灵长类动物最亲近的现有亲戚，大约在8 600万年前的白垩纪末期从灵长类动物中分离出来的，从而形成一种新物种。日前，科学家最新发现的两种新物种猫猴分别是——巽他猫猴

■图与文

不过，科学家证实飞行狐猴并不是真正的狐猴，而是所谓的猫猴，但它们却是顶级滑翔高手。它们的皮肤隔膜扩张后，可以将体形变成为扁平的降落伞形状，从而使猫猴能轻易从一个树梢滑翔到另一个树梢，最远滑翔距离为136米。

和菲律宾猫猴。巽他猫猴仅生活在印度支那半岛和巽他，巽他是指一片亚洲区域，包括马来西亚半岛、婆罗洲、苏门答腊岛和爪哇岛，以及许多更小的岛屿。

研究人员分析了生活在马来西亚半岛、婆罗洲和爪哇岛的巽他猫猴的遗传材料，结果发现这种动物存在的很大遗传差异，足以表明生活在不同岛屿的猫猴已经进化成了截然不同的物种。这项发现发表在《现代生物学》杂志上。

研究人员表示猫猴是在大约 400 万～500 万年前出现分支的。当时由于海平面上升阻断了大陆与岛屿之间的通道，导致猫猴不能彼此沟通。后来，即使海平面下降导致陆地通道露出来了，但原先的森林地带很可能变成了空旷的烂泥地，而猫猴原有的滑翔技能在地面上没有一点用处。于是，猫猴慢慢适应在地上过爬行生活，有个别的还能上树。

负责此项研究的美国德州 A&M 大学的研究人员简·贾尼克卡说："由于在低地地区没有较高的树木，因此不大可能将猫猴和树木联系在一起。猫猴的物种进化很可能依海平面的升降而波动，而森林也因此一同起起落落。"目前，最新发现的猫猴新物种的样子有些差异，比如：生活在婆罗洲的猫猴要比爪哇岛的猫猴体型更小，同时婆罗洲猫猴的皮毛颜色较其他猫猴有更大的变化，包括带有斑点，而其他猫猴的皮毛却是黑色的。

第四章
种子的飞行

"**天**高任鸟飞",说的是鸟类因长有善飞的翅膀而能任意翱翔于天空,那么植物有没有能自由飞翔的翅膀呢?许多植物的果实也长有翅膀,凭借翅膀它们成了"飞将军"。植物的"飞行装备"还相当不错,有的是翅膀或翅膜,有的是针芒,有的是羽毛或绒毛。有飞行装备的果实、种子,就会随风运送到遥远的地方安家落户了。

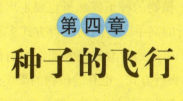

种子的花样旅行

好儿女志在四方，植物的种子成熟了也要走出摇篮去远行。许多成熟后的果实和种子是旅行的高手。它们的旅行方式多种多样。鲜美的果子被动物吃到嘴里，其种子撒落到地上或进入动物的消化道最后回到土里并萌芽，这就是一种种子的旅行方式。也有的植物的果实外面长着不少的钩爪，能附着在人或动物的身上旅行，如苍耳、蒺藜和鬼针草等就是这样。

最值得一提的种子传播方式是植物的自身弹射，它们不靠别人，自食其力。这方面最明显的例子，如凤仙花、牦牛儿苗的果实，在接近成熟时稍有风吹草动就会弹裂，种子被射出很远。干熟的大豆，果皮也能急剧卷曲，把豆粒弹出老远。喷瓜成熟时果柄脱落的瞬间，种子就会自果柄处喷射而出。有一种禾草，果实上倒生刺毛受湿气伸张，竟能直接往土缝里钻，而且向前不会往后，被人们誉为"自动播种机"。

科学家专门观察、研究了长翅膀的果实和种子，发现桦树的翅果能飞到1千米以外的地方；长着酷似船帆翅膀的云杉种子能飘到10千米之外。果实或种子上长"翅膀"的植物种类非常多。如百合和郁金香的种子本身就

■ 图与文

榆树和枫杨树在初夏开出黄绿色的花朵，到秋天才结实。枫杨树的果实上长着两只翅膀，一左一右。风一起，它们就像灵巧的燕子飞上天空。榆的翅果上则长着两张翅膜。大风一刮，便纷纷离开榆树，随风飞到很远的地方。这些长翅膀的果实或种子极轻，飞起来非常轻松。

长成薄片状，在风里像滑翔机一样滑翔；白蜡树和樟树的种子长着翅状突起，好似长翼的歼击机；蒲公英种子头上长了一圈冠毛，风把它托得高高的，瘦果垂在下面，像一顶降落伞；生长在草原上的羽茅，果实顶上长着羽毛，被风吹很远，风停了，它就像降落伞一样竖直落地；颖果旋转着插入土中。有些植物种子本身的分量非常轻，风一刮，就像长了翅膀一样到处飞，例如列当属的植物，每粒种子的重量不超过 0.001 毫克，小得像灰尘；梅花草的种子，每粒只有十万分之三克；天鹅绒兰的种子更轻，每粒仅重五十万分之一克。微风一吹，它们就会飞到很远很远的地方。

榆 树

许多植物经长期的自然选择，它们的果实或种子成为"飞将军"，让风力帮助它们繁衍后代，正是大自然优胜劣汰的又一体现。

花朵的"智慧"

一个豆荚突然炸开，种子四处迸射，新的生活开始了。植物高高举起花朵，向着光线、向着天空、向着太阳，以获得注意。它们这样做的目的只有一个——为了性。

无论是什么植物，无论采用何种方法，种子都必须得到传播。这一点

图与文

花朵本身就是植物的性器官,它们无处藏身,只有凭借自身顽强的生命力在世上开放。大部分花朵雌雄同体,既有雄性器官又有雌性器官。雌性的接纳柱头通向子房以及雄性的花粉囊,雄性的花粉囊专门生产花粉。它们做好了准备,只待那重要的时刻到来。

对于我们人类来说极为重要,因为这些种子包含着我们的未来。花朵的性生活与人类的性生活或是动物的性生活一样重要。没有它,地球上将没有生命,一无所有。

这些花粉远远超过肉眼的视觉限度,简直就是一件艺术杰作,每一种花粉都像指纹那样独特。它们必须像钥匙配锁那样精确地适应柱头的物理和化学特性。当然,一朵花同时拥有雌雄两性器官并非易事。自我授精看起来美妙绝伦,有些花确实能做到这一点,但是进化要求大多数花朵都由同一种类的另外一株植物来授粉,所以当花朵扎根于同一地点时,它们怎样才能做到这一点呢?于是,每一株植物都形成了一种有趣的特性来牵线搭桥,克服与它同类的另一株植物的物理距离。

我们先从澳大利亚开始说起。澳大利亚西部每10年或每15年都要发生一次丛林大火,对于某些植物来说,丛林大火对繁殖至关重要。在这些烧过的木炭中,或许就藏有我们一直在谈论的有趣话题。冬去春来,万物复苏,兰花焕发出勃勃生机,冒出一片指甲盖大小的心形嫩叶,还伸出一根非常长的茎。这是一种罕见的兰花,说不上很美,但正是这种不雅的形状却是一种极为完美的交配构造,虽然不是与另一朵花交配。恐怕再也没有比这更加奇异的事情了。

缓缓地,一只新近孵出的雌性沙漠胡蜂奋力向上钻出烧焦的沙地,它终于破土而出,首次看到了这个世界。因为它生活在地下,不需要飞翔,也就没有翅膀。它看起来像只蚂蚁,浑身土褐色,根本谈不上漂亮。这些雌性为了唯一的目的开始攀爬：找到雄性，然后回到地下搜寻麻痹无力的甲虫幼虫，在它们体内产卵。

如同一名正在紧张地等待一次陌生约会的少女，它完成了最后几笔装扮，同时释放出一股绝对令人无法抵御的香味，并张开双颚，只待拥抱它的伴侣。雄性闻到气味飞速赶来，因为早在雌性出土前的几个星期它就已经出现了。其实，它们是在追逐之中展开交配的。

雄性携带着雌性飞到这朵花上。在这里，雌性通过雄性腹部的末端大饱口福，既得到了精液，同时又得到了食物，这或许是它生命中仅有的一次尝到了花蜜的味道。接着，雄性又携带雌性飞回了家。它们的蜜月结束了，雌性也将永远消失在地下。

那么，这只黄蜂究竟是怎样与这株兰花卷入一场"风流韵事"的呢？有一个巧合是，当兰花盛开的时候，所有的雌性黄蜂都在地下。但是，当花朵模仿黄蜂的外形，甚至还释放出雌性黄蜂的气味时，这就远不是巧合了。这时正是许多渴望异性的雄性黄蜂蠢蠢欲动的时节。恰当的臂长，两个黄色花粉囊之间闪闪发光的黏性衬垫，它们在生长时必定具有令人难以置信的精确度。这为黄蜂与花之间的一场奇异的交配行为提供了理想条件。雄蜂完全上当受骗了，它试图带美人飞走，不想却让自己撞进了兰花的花粉囊中。最终，它还是退却了，离开了黄色的花粉囊。它使自己挣脱开来，彻底放弃了。尽管这位红娘将花粉带到了其他花上，但因为兰花的骗术，它肯定还会拜访另一朵兰花。这只黄蜂再次上当，它将雄性花粉带到了雌花的接收器官上。当花粉挤进柱头后，这株椰头兰就受精了。这个冒牌的雌性开始凋谢，它的目的达到

花朵上的黄蜂

了。兰花的养分虽然有限,但却是日益丰满的种子荚所必需的。这个诡计非常有效,但它总会这样有效吗?如果雌性黄蜂搞错了时间,赶在所有兰花授粉之前出现,如果兰花推迟了开花时间,那么雄性黄蜂还会上当吗?只会上当受骗一秒钟。

如果没有美丽的小草,很难想象世界会是什么样子。却很少有人知道,小草同样也会开花。花粉囊中的花粉随风飘扬,在空气中散播开来,注定会有一些沾到雌花那分叉的水晶般柱头上。对于草和许多树木而言,性行为是在风中诞生的。风携带着大量花粉铺天盖地,吹送到万物之上。这种轰炸式的群体繁殖十分有效,但却极其浪费,因此何不让昆虫作为红娘,逐个进行牵线搭桥呢?

许多植物活力四射,生机勃勃,竞相怒放,随时准备授粉。它们簇拥在一起,对这些矮小的红娘频送秋波,想引起注意,就像人类举办大型活动一样。它们前呼后拥,争先恐后,用鲜艳的色彩把自己装扮得漂漂亮亮。这值得大肆宣扬一番。无数耀眼的形状、图案和花纹就像娱乐中心一样华美艳丽,高贵典雅。而这些昆虫呢,心醉神迷,眼花缭乱,不知接下来去访问哪一朵才好。但根据紫外线,它们能清楚地知道自己何去何从。其实,这种关系并不是那么和谐,也不是为了爱,花朵必须为这种服务提供报酬。

昆虫会得到一些实实在在的好处,而花粉本身就具有很高的营养价值,而某些甲虫把花蜜用作制造细胞的蜡。

有的植物会假意提供性满足来欺骗昆虫,引诱昆虫上当受骗。据说,有位生物学家首次发现了澳洲姬蜂将精液射到一朵花中,可他当时就是不敢

草原风光

公布他的发现。昆虫必须小心谨慎，以防被花朵利用。因为有些花朵，无论是多么不经意，只要沾上它，就意味着死亡。

只要有服务，就会有酬劳，只要有酬劳，就会有骗子。骗子总想不劳而获，得到免费的午餐。大黄蜂长有细长的舌头，它们能轻易探到紫草科植物的花蜜。无法得到花蜜的小黄蜂用它们强壮的双鄂将花朵咬破。而蜜蜂很容易就学会从植物蜜腺中汲取花蜜，而不必进入到花朵之中，不必接触到花朵的生殖器官，自然也就不必再去授粉了。于是，有些植物进化出了相当惊人的防御战略。起绒草利用精心构造

起绒草

的水坑或是深沟来阻挡前来偷食的蚂蚁，以达到防御的目的。生姜雇用蚂蚁来防护花朵免受不速之客的掠夺，而蚂蚁得到的回报是生姜专门为它们进化出的花蜜。一份汗水，一份收获。这是自然界的一个基本准则。

在大自然中，往往看似和谐的默契恰恰是以得寸进尺、贪得无厌为基础的。看似最无害的奉献有时却隐藏着致命的杀机。非洲睡莲，现在正处于它生命的第二天，此时它无毒无害，多么美的一顿盛宴！无数雄蕊上沾满了花粉，活像是一个个巨大的棒棒糖。蜜蜂大量采食花蜜后心满意足地飞走了，但睡莲在第一天盛开时，情况就大不相同了。因为只有这一天，它才具有一种可怕的杀伤力，花丛的中心才有一潭水晶般清澈的液体。这些看似花蜜的东西其实根本就不是花蜜，而是一种致命的毒素。更为可怕的是，悬垂于上的雄蕊此时更像丝绸般醒目柔和。一只飞虫前来采食花蜜，但却没有蜜蜂那么幸运，它一命呜呼。夜幕降临，这场看似无意义的谋杀

睡 莲

落下了帷幕,其动机也暴露了出来。在这个花朵坟墓中,致命的液体把花粉粒从受害者身上冲去。这些花粉粒是雄性花蕊馈赠的纪念品,它们沉下去使下面的卵细胞受精,所以要记住,要想到一朵睡莲中去试试,那就一定要适时而行。如果像这只飞虫一样去招惹一朵初次盛开的花朵,那可就得不偿失了。

残酷的生存竞争给各种生物的繁殖带来了越来越大的成功,植物也不例外。许多花朵进化出了一些特性来适应特定的授粉者。夜间的花香引来了蛾子或是蝙蝠。有些花朵的授粉方法非常复杂,在嗡嗡的叫声中授粉,通过超声波振动来释放花粉。洋地黄,或叫毛地黄,具有导致心脏功能衰弱的常见毒素,引诱蜜蜂首先从底层开始,以确保所有花朵轮流受到访问。

许多沙漠植物与蚂蚁相依为命。有种北美植物的整体构造颇具特色,它贴近地面生长,叶子和茎干交错缠绕,形成了一个空中之路。这样,蚂蚁不费吹灰之力就能从一朵花窜到另一朵花上。这些花朵本身非常微小,它们没有必要长那么大,不让昆虫长距离穿行。当蚂蚁汲取花蜜的时候,雄蕊的一些花粉粒沾到了蚂蚁的头上,最后传到下一株植物上。

当然,并非所有红娘都是昆虫。不管是有意还是无意,只要能将花粉从一朵花上传递到另一朵花上,任何动物都可以是红娘。有种鼠类以蛾子等昆虫为食,几乎无所不吃。它也同样吃花粉,并在这个过程中传递花粉。于是,它就成了优秀的授粉哺乳动物。

飞翔使许多动物成为优秀的授粉者,有些植物进化出各种性能来吸引

鸟类授粉,为鸟类提供大量的花蜜,甚至会改变它们花朵的形状、大小和色彩。蓑衣草为以花蜜为食的鸟儿提供了毛皮似的茎干,以供鸟儿栖息。当鸟儿在蜜腺中汲取花蜜时,植物的机制起了作用,将花粉搽在鸟儿的头上。这真是一种不可多得的创造。对于鹤望兰来说,它

蓑衣草

的性器官本身就是鸟儿的栖木。这种精巧的构造并不安全,有点像在一根光滑的撑杆上保持平衡,这只鸟难免会将爪子伸进去。

直至最近,人们仍对南非山龙眼的授精问题存在广泛争论。对于某些种类来说,鸟类显然是其授粉者之一。鸟类依靠山龙眼生活,守护着它们的巢穴和食物来源,与此同时也守护着山龙眼本身,以保证山龙眼的花朵暴露于空中,以便各种鸟类都能选择。

可是,为什么有些种类只有一些隐藏的花朵,向下贴近地面生长呢?这株山龙眼选择了老鼠,虽然有违常规,但是可能更加可靠。这种澳大利亚食蜜负鼠已经完全适应了花蜜食物。它们是有袋动物界的荡秋千演员。它有6颗牙齿和一个极长的舌头,因此具有惊人的吸食能力,包括吸食花蜜。善于抓握的爪子和能够缠绕的尾巴使它能生活在树木的顶层。许多树木进化出花朵,专门为这种可爱的小酒鬼提供丰富的花蜜。

在中美洲,富含花蜜的花朵专为蜂鸟进化而来,这就可以帮我们揭开生姜爱情生活的秘密。蚂蚁把它守护,鸟类为它授粉。由于蜂鸟对花蜜具有极大的食欲,所以它甘愿成为植物繁殖策略的奴隶。为了成功繁殖,植物在我们看来有美也有丑,这依赖于它们想要吸引和欺骗的对象是谁。

在撒丁岛海面上,有一个荒无人烟的瑰丽小岛,小岛上有一种植物居

贪吃花蜜的蜂鸟

然把这些绿头蝇当成了红娘,这真叫人难以置信。这种百合花是一种海芋植物,实际上是萨德侯爵笔下性变态的一种。在下面的腔室里,有一个十分精致的结构。一条乌黑的通道带有一个巨大的中柱,支撑着一组雄蕊;其下面是一个由穗状花序构成的花冠,花冠守护着另一组雌花。这种花的气味像是由腐尸散发出的恶臭,气味十分浓烈,以致于岛屿各处的苍蝇无法抵御这种气味,纷纷蜂拥而至。从花朵盛开的第一天起,雌蝇就如约而至,降落在通道内。它们忙得不可开交,搜寻最潮湿、最灰暗的地方去产卵。它们向着纵深而又多毛的咽喉部位爬去。当它们经过针毛时,这条通道变成了一条单行线。它们至少两天无法返回或者根本无法返回。它们忘却了危险,尽情地吃着花蜜。当它们到达阴森森的底部时,它们偶然间携带的花粉全都在这些雌花的接收器官上刷去。这种腐肉般的气味非常真实,非常具有吸引力,这种诡计又十分巧妙,于是苍蝇产下了卵。这是毫无意义的,因为即使孵化出蛆来,但由于找不到腐肉,找不到任何可吃的东西,孵化出来的蛆也只能是活活饿死。在这株植物实施拐骗的第二天,雄蕊突然间绽放,黏性的花粉撒到了这个可怜的俘虏一身。在这个昆虫停尸房里,第一批伤亡开始出现,精疲力竭的苍蝇被同室的伙伴踩死,然而杀死昆虫并不是这株植物的最终目的,也不是它的兴趣所在。在第三天,针毛萎谢,幸存下来的苍蝇突然发现它们可以逃出去。它们披着一层花粉,摇摇晃晃地出现了,但因迫切找到真正的腐肉,或是植物有意使然,它们又钻进另一个腔室里。为什么只有在这里,只有在地中海上的一些小岛上才会生长这种海芋植物呢?这

是刚孵出小鸟的当地海鸥，它们反刍出的食物臭味，以及一些不可避免的死尸，或许就是这种绿头蝇轻易上当受骗的部分原因。做花朵的红娘固然危险，但有时花粉本身也有危险。

水是生命的第一粒种子诞生的地方，至今仍在植物的繁殖过程中起着

绿头蝇也能传粉

重要作用。一如失重的月球表面的石头，这些娇小的雄花将在一阵微风的吹拂下沿水面轻轻漂浮。有花植物又返回到所有植物诞生的这个世界中，重新适应了水中的生活。有种超凡的苦草或是带子草会产生出完全分离的雄性植物和雌性植物。雌性植物长出一根细长而又卷曲的茎干。在其末梢，雌花停歇在水面的浅浅涟漪中，焦急地等待着。与此同时，雄性植物底部有一个瓶状物在氧气泡的冲击下张开了，它释放出娇小的雄花，雄花开始漂上水面，雌花正在那里静静地等待着。但这天涯之旅何其凶险！

花粉营养丰富，每一粒白色的柔嫩花粉都是鱼类的美味。当然，肯定会有一些花粉顺利度过这艰险的旅程。植物会释放出越来越多的花粉，而且它会在夜间释放花粉。在数千粒花粉中，即使幸运，也只有100粒左右到达水面。在水面，它们像小型冰山一样漂浮着，直到每一粒花粉改变形状。花瓣弯曲裂开，形成一个小筏，然后将宝石般晶莹剔透的花粉推到一个闪耀的茎干上。这些花粉精巧而又雅致，然而它们又是极其有用的。即使是在水面上，它们也不会安全，总是有一两张"嘴"从下面伸上来。雌花覆盖着一层防水的茸毛，静静地等待着。当这些载着花粉的小筏子在靠近雌花几厘米远时，它们不可逆转地滑下一个光滑的斜面，直接投入到雌花那巨大的怀抱中。那些先前急于吞吃花朵的鱼儿们，现在则变成了传播种子

的工具。

从针尖大小的冰山到真正的大冰山，格陵兰岛正处在5个星期长的夏季，即使是此时，这里也冷得足以将任何一位授粉者冻成冰棒。尽管如此寒冷，但仍有大量花朵开放。繁殖的力量势不可挡，但顺利经历这一过程并非易事。这正是问题所在，但对娇小的北极蔷薇科植物森林女神来说，情况并不尽然。其实，它们已经进化出了一种繁殖方法，足以与太空技术相媲美。这些花瓣如同一个无线电天文望远镜，会反射太阳的光线。这种抛物线形状把热量集中在中央，恰好位于雄蕊和柱头之上。在天气寒冷的地方，热量和食物具有极大的吸引力。一只来访的昆虫发现这个秘密的地方要比其他地方温暖10℃。这些昆虫只呆了几分钟后就因为太热而飞离。正如预计的那样，它们会落到另一株植物上。因为夏天极短，所以红娘必须马不停蹄地工作。此时没有夜晚，在北极的夏天，太阳永远都不会消失在地平线之下。这种植物最奇异的特性是它们有旋转式的茎干，这使得它们可以一天24小时跟着太阳旋转。其设计十分精巧，堪称世界最小的太空跟踪站。

在冰冻的大地上，花朵的形状和尺寸多样，短小精悍。而水下奇异而又危险，撒丁岛上的拐骗和拘留，精巧而又致命的睡莲。但是，要说起性关系的奇特异常，任何花朵都无法与南美洲雾气笼罩的寂静雨林中的花朵相比。高大的树木冲天而上，没有微风来传播那神奇的生命之花。兰花数不胜数，多得连植物学家都无法一一叫出名字，但对许多种类来说，只有一种蜜蜂才能解开它们性生活的奥秘。这种兰花叫头盔兰，

铲斗兰

也叫铲斗兰，它的花朵极其复杂，繁殖策略奇异而又非凡。它依附在树枝上，将根茎深深地植入一个蚁穴之中，这个蚁穴守护着它，并为它提供营养物质。但是，它的授粉者并不是蚂蚁，而是一种漂亮的彩虹色兰花蜜蜂，这种蜜蜂是这种植物的唯一授粉者。

　　清晨，兰花盛开。几乎是顷刻之间，这种植物开始由两个腺体向花朵内部滴落清澈的液体。与此同时，兰花释放出一股香气。这股香气对它的授粉者——娇小的雄性蜜蜂极具诱惑力。但是，这些蜜蜂前来的目的是为了从兰花提供的好处中赢得繁殖后代的机会。这种好处就是它们用特别改良的前腿刮擦下来的一种蜡质物质，由此可以产生一股香味；这股香味就像一种春药，可以吸引并刺激雌性蜜蜂的欲望。难怪这些雄蜂会从5英里之外的地方远道赶来。在接下来的混战中，不可避免的事故发生了，尽管在兰花看来，这算不上是什么事故。现在，这种液体的动机一目了然。与睡莲完全不同，兰花的目的不是杀死受害者。奇怪的是，它不仅不想杀死蜜蜂，反而还着手帮助蜜蜂逃脱。

　　在这只蜜蜂即将被淹死的时候，它突然发现了一个小小的逃离隧道，还有一个精心安置的台阶。正当隧道看起来畅通无阻的时候，隧道的顶部和底部闭合了起来，像钳子一样把蜜蜂夹在了中间。蜜蜂尽力挣扎着，但仍然被紧紧夹住；与此同时，兰花将两粒黄色的花粉囊粘到它的背上。粘好花粉囊大约花费10分钟的时间。只有到此时，兰花才会放开它。这只蜜蜂现在是一个随时能飞的红娘了，但它现在必须等到身体晾干后才能脱身，但兰花的性繁殖计划远没有完成。那些没有携带花粉囊的蜜蜂无一例外地要经历这个过程。兰花必须等到一只蜜蜂携带另一朵兰花的花粉到来之后，它才能受精。但有一点不同的是，当这只蜜蜂试图逃离时，这朵兰花用一种装置把花粉从蜜蜂的背上夺了过来。于是，这项惊人的复杂计划奏效了。尽管头盔兰表面上具有极为简单的繁殖计划，但它也面临很大危险。当蜜蜂绝迹，甚至数量有限的时候，这种漂亮的兰花将会从地面上永远消失。

不能飞的"鸽子树"

1869年,一位法国神父在四川省穆坪看到了一种奇特的树木。时值开花季节,树上那一对对白色花朵躲在碧玉般的绿叶中,随风摇动,远远望去,仿佛是一群白鸽躲在枝头,摆动着可爱的翅膀。当时,他被这种奇景迷住了。自此以后,便引来许多欧洲的植物学家,他们不畏艰险,深入到四川、湖北等地进行考察。

1903年首先引种至英国,后又传至其他国家,从此便成为欧洲的重要观赏树木,被赞誉为"中国鸽子树"。这就是我国的特产——珙桐,现在人们习惯称它为"鸽子树"了。据说国际城市日内瓦,家家都种有珙桐,可见人们对它的珍爱。1954年4月,周总理在日内瓦,适逢珙桐盛花时节,当他了解到珙桐的故乡就是中国时,连连称赞,感慨万千。

关于鸽子树,流传着许多美丽动人的传说。据说,汉代王昭君出塞以后,嫁给匈奴的呼韩邪单于。她日夜思念故乡,写下了一封家书,托白鸽为她送去,白鸽不停地飞翔,越过了千山万水,终于在一个寒冷的夜晚飞到了昭君故里附近的万朝山下,但经过长途飞行,它们已经万分疲倦,便在一棵大珙桐树上停下来,立时被冻僵在枝头,化成了美丽洁白的花朵……

还有一个传说是:古代一个皇帝,只有一个女儿,取名白鸽

图与文

鸽子树是一种落叶乔木,高可达20米,枝干平滑,其叶片很大,为阔卵形,边缘有许多锯齿。它的花序是球形的,上面聚集着许多小花。那被赞赏的仿佛鸽子翅膀似的美丽花朵,其实是它的苞片,就长在花序的基部。

公主。这公主不贪富贵,与一名叫珙桐的农家小伙相爱。她把一根碧玉簪掰为两截,一截赠与珙桐,以表终身,但父皇不允,派人在深山杀死珙桐。白鸽公主得知后,不顾一切逃出宫来,在珙桐受害处失声痛哭。忽然,在公主眼前长出一棵形如碧玉簪的小树,顷刻之间长成一棵枝繁叶茂的大树。公主伸开双臂向这棵树扑去,顿时变成了千万朵形如白鸽、洁白美丽的花朵,挂满枝头。

鸽子树之所以珍贵,还由于它是植物界中著名的"活化石"之一,植物界中的"大熊猫"。早在两三万年前第四纪冰川时期过后,地球上很多树种都灭绝了。我国南方一些地区,由于地形复杂,在局部地区保留下一些古老的植物,珙桐就是那时幸存下来的。现在在湖北的神农架、贵州的梵净山、四川的峨眉山、湖南的张家界和天平山以及云南省西北部,可以看到零星的或小片的天然珙桐林木。它们大都生长在海拔1 200～2 500米的山地。在分布区内常常可以看到高达30米,直径1米,树龄在百年以上的大树。为了保护这一古老的孑遗植物,它被国家列为一类保护树种,并把分布区划为国家的自然保护区。

能放炮的喷瓜

喷瓜属,葫芦科,只有喷瓜一种,原产地中海区,我国北部亦有栽培,观赏其奇异的果子,因其成熟时能将种子喷出。多年生、匍匐草本,无卷须;花黄色,单性同株,雌花单生,但在同一叶腋内常有雄花的总状花序;花冠轮状或阔钟状,深裂,裂片短尖;花药分离;子房长形,有胚珠多颗。

喷瓜号称最有力气的果实,原产欧洲南部,它的果实像个大黄瓜。成熟后,生长着种子的多浆质的组织变成黏性液体,挤满果实内部,强烈地膨压着果皮。这时果实如果受到触动,就会"砰"地一声破裂,好像一个鼓足了气的皮球被刺破后的情景一样。喷瓜的这股气很猛,可把种子

■图与文

请看这一株属于葫芦科的植物,已经结了一个带毛刺的小"瓜",你可知道此"瓜"的奥秘吗?当瓜成熟时,稍有触动此"瓜"便会脱落,并从顶端将"瓜"内的种子连同黏液一起喷射出去,射程可达5米以外,喷瓜也因此而得名。大自然中喷瓜传播种子的本领已经达到了登峰造极的水平。

及黏液喷射出13~18米远。因为它力气大得像放炮,所以人们又叫它"铁炮瓜"。喷瓜的黏液有毒,不能让它溅入眼中。

它的种子不像我们常见的瓜那样埋在柔软的瓜瓤中,而是浸泡在黏稠的浆液里,浆液使瓜皮胀得鼓鼓的。当瓜成熟时稍一风吹草动,瓜柄就会自然与瓜脱离开,瓜上出现一个小孔,紧绷绷的瓜皮里的浆液连同种子从小孔里喷射出去,一直喷到几米远的地方,种子就这样传播出去了。

具"双翅"的中华槭

槭树是槭树科槭属树种的泛称,其中有些种类又被俗称为枫树。全球共有槭树199种,分布于亚洲、欧洲、北美洲和非洲北部,其中我国的种类最为丰富,共有151种及众多变种,广布于全国各地,而以长江流域为现代分布中心,有100种以上。

中华槭生于海拔1 500~2 000米的林缘或疏林中。中华槭槭树的果具双翅,像长了翅膀的鸟,能借风力散布种子,将种子带向远方。育苗槭树主要是用种子来进行繁殖。翅果成熟后脱落期较长,逐渐随风飘落,故应及时采集。采后晾晒3~5天,去杂后所得纯净翅果即为播树材料。

中华槭为落叶小乔木,树皮褐灰色,略粗糙,翅果长3～3.5厘米,果体两面突起,脉纹显著,两翅开张成钝角或近于水平。

五角枫果扁形,果翅张开成钝角,翅长为坚果的2倍。鸡爪槭果球形,两果翅张开成直角至钝角。元宝枫果两面凸起,两果翅近于平行。茶条槭果两面突起,果翅长为果体的2倍,直立成锐角,内缘多重叠。复叶槭果翅狭长,张开成锐角或直角。

■图与文

中华槭属于槭树类,多为小乔木,偶灌木或大乔木,枝条横展,树姿优美,而且多为弱阳性树种,是风景林中表现秋色的重要中层树木。每到秋季,"染得千秋林一色,还家只当是春天。"历代的文人墨客对槭树的树叶青睐有加,吟咏描绘的诗文屡见不鲜,但古人常将槭树称为"枫"。

带刺的苍耳

苍耳为菊科植物,产于全国各地,多自产自销。秋季果实成熟时采收、干燥,除去梗、叶等杂质,炒去硬刺用。

有些权威认为该属有15种,有的认为仅2～4种。苍耳雄花花序圆而短,在雌花花序之上,雌花包在一绿、黄或褐色卵圆形的总苞内,总苞外有许多钩状刺和两个大的角状刺。成熟的刺果黏在动物的毛上,借以散布他处。瘤突苍耳对牲畜有毒,从前曾用作草药。

苍耳高可达1米,叶卵状三角形,长6～10厘米,宽5～10厘米,顶端尖,基部浅心形至阔楔形,边缘有不规则的锯齿或常成不明显的3浅裂,两面有贴生糙伏毛;叶柄长3.5～10厘米,密被细毛。果体壶状无柄,

图与文

这种植物你可能已经见过，每当秋天野外郊游归来，它的果实会挂在你的衣裤上。仔细观察它的刺毛顶端带有倒钩，可以牢牢钩住，不易脱落，在不知不觉中你已经为它的种子传播尽了义务。类似苍耳这样传播种子的植物还很多，在草原牧区，这种植物对毛纺织业是一大害，羊毛中夹有这种植物的刺毛会大大降低成品质量，以至毛纺工业有检毛刺的工序。

长椭圆形或卵形，长10～18毫米，宽6～12毫米，表面具钩刺和密生细毛，钩刺长1.5～2毫米。

苍耳子油是一种高级香料的原料，并可作油漆、油墨及肥皂硬化油等，还可代替桐油。

茎叶捣烂后涂敷，治疥癣，虫咬伤等。苍耳子悬浮液可防治蚜虫，如加入樟脑，杀虫率更高，苍耳子石灰合液可杀蚜虫。苍耳子可做猪的精饲料。

弹射种子的凤仙花

凤仙花，又名指甲花、染指甲花、小桃红等。因其花头、翅、尾、足俱翘然如凤状，故又名金凤花。凤仙花属凤仙花科一年生草本花卉，产于中国和印度。

凤仙花茎高40～100厘米，肉质，粗壮，直立。上部分枝，有柔毛或近于光滑。叶互生，阔或狭披针形，长达10厘米左右，顶端渐尖，边缘有锐齿，基部楔形；叶柄附近有几对腺体。其花形似蝴蝶，花色有粉红、大红、紫、白黄、洒金等，善变异。

有的品种同一株上能开数种颜色的花朵。凤仙花多单瓣，重瓣的称凤球花。据古花谱载，凤仙花200多个品种，不少品种现已失传。因凤仙善变异，经人工栽培选择，已产生了一些好品种，如五色当头凤，花生茎之顶端，花大而色艳，还有十样锦等。根据花型不同，又可分为蔷薇型、山茶型、石竹型等。凤仙花的花期为6—8月，结蒴果，蒴果纺锤形，有白色茸毛，成熟时弹裂为5个旋卷的果瓣；种子多数，球形，黑色，状似桃形，成熟时外壳自行爆裂，将种子弹出，自播繁殖，故采种须及时。

凤仙花性喜阳光，怕湿，耐热不耐寒，适生于疏松肥沃微酸土壤中，但也耐瘠薄。凤仙花适应性较强，移植易成活，生长迅速。

凤仙花

凤仙花具有很强的抑制真菌的作用，同时它颜色艳丽，用它来染指甲既能治疗灰指甲、甲沟炎，又是纯天然、对指甲无任何伤害的染色方法。叶子也可以拿来染色，但效果不如花瓣好，而且用它来染指甲在中国也有很长的历史。

用凤仙花染红的指

凤仙花染红的指甲

甲,也让诗人浮想联翩,元代杨维桢在《凤仙花》一诗中有"弹筝乱落桃花瓣"的语句,形容染红指甲的女子弹筝时,手指上下翻动,好似桃花瓣纷纷落下。

唐代诗人吴仁璧在《凤仙花》一诗中云:"香红嫩绿正开时,冷蝶饥蜂两不知。此际最宜何处看,朝阳初上碧梧枝。"据说凤凰非梧桐树不栖,诗中碧梧枝指的就是梧桐树枝,诗人已把凤仙花当作凤凰的化身,可见凤仙花在中国花卉文化史中有一定的地位。

幸运的酢浆草

有的植物靠机械方式将种子撒播出去,酢浆草便是其中一例,它是一种很普通的野生杂草,开小黄花,花后结具五棱的蒴果,成熟时,果沿室背开裂,果壳卷缩将种子弹出,抛射至远处。

酢浆草,多年生草本,全体有疏柔毛;茎匍匐或斜升,多分枝。叶互生,掌状复叶有3小叶,倒心形,小叶无柄。花黄色,喜向阳、温暖、湿润的环境,夏季炎热地区宜遮半荫,抗旱能力较强,不耐寒,一般园土均可生长,但以腐殖质丰富的沙质壤土生长旺盛,夏季有短期的休眠。蒴果近圆柱形,长1~1.5厘米,有5棱,被柔毛,熟时裂开将种子弹出。全草入药,有清热解毒、消肿散疾的效用。分布于亚洲温带和亚热带、欧洲、地中海和北美,中国各地

■图与文

酢浆草真是普通到不能再普通了。拨开草丛,随处可见,它的叶子都长在茎的顶部,每根茎上都只有3片,像个直升飞机的机翼,或者小孩从前常玩的竹蜻蜓。

皆有分布。生于山坡草池、河谷沿岸、路边、田边、荒地或林下阴湿处等。

一片心酢浆草展开对折的每一片叶，都是心型，而且末梢只顶生一枚叶子，并非生长三叶的酢浆草品种。叶子数量虽然少，但越长越大，宛若一片圆满的爱心。

一片心酢浆草

酢浆草是爱尔兰的国花，而且童子军也常以它做徽章。一般的酢浆草只有3片小叶，偶尔会出现突变的4片小叶个体，称为"幸运草"。传说如果有4片小叶的幸运草就能许愿使愿望成真，幸运草之所以特别，其实只是一种突变现象，所以幸运草纯粹只是突变而来的。四叶酢浆草一直都被当做幸运的象征，其实这和有些人有6根手指是一样的道理，有某个随机突变使植物长出第四根"手指"，就像遗传突变使人多长一根手指一样。

无论如何，许多国家确实都流传着四叶幸运酢浆草的传说，早期威尔士的塞尔特人相信白色酢浆草可以对抗恶魔。1620年，约翰·梅尔顿爵士写道："如果有人在田间巧遇任何有4片叶子的草，

爱尔兰国花白花酢浆草

就将会有好运降临。"

蒲公英的"降落伞"

菊科植物蒲公英的瘦果,成熟时冠毛展开,像一把降落伞,随风飘扬,把种子散播远方。蒲公英开黄色的花,花朵凋谢后,就会留下一朵朵白色的小绒球,这就是蒲公英的种子,上面的白色小绒毛叫做"冠毛"。

■ 图与文

蒲公英的种子很轻,风一吹,种子便随着风飘舞起来,就像一把把小小的"降落伞"。风一停,种子便会落下来,在新的环境中生根发芽。

蒲公英属菊科多年生草本植物,头状花序,种子上有白色冠毛结成的绒球,花开后随风飘到新的地方孕育新生命。蒲公英植物体中含有蒲公英醇、蒲公英素、胆碱、有机酸、菊糖等多种健康营养成分,有利尿、缓泻、退黄疸、利胆等功效。蒲公英同时含有蛋白质、脂肪、碳水化合物、微量元素及维生素等,有丰富的营养价值,可生吃、炒食、做汤,是药食兼用的植物。

多年生草本植物,高 10～25 厘米,含白色乳汁。根深长,单一或分枝,外皮黄棕色。叶根生,排成莲座状,大头羽裂,裂片三角形,全缘或有数齿,先端稍钝或尖,基部渐狭成柄,无毛蘸有蛛丝状细软毛。花茎比叶短或等长,结果时伸长,上部密被白色蛛丝状毛。头状花序单一,顶生,长约 3.5 厘米;总苞片草质,绿色,部分淡红色或紫红色,先端有或无小角,有白色蛛丝状毛;舌状花鲜黄色,先端平截,五齿裂,两性。瘦果倒披针形,土黄色或黄棕色,有纵棱及横瘤,中产以上的横瘤有刺状突起,先端有喙,顶生白色冠毛。花期早春及晚秋,生于路旁、田野、山坡。

相传在很久很久以前,有个 16 岁的大姑娘患了乳痈,乳房又红又肿,

疼痛难忍。但她羞于开口,只好强忍着。这事被她母亲知道了。当时是封建社会,她母亲又缺乏知识,从未听说过大姑娘会患乳痈,以为女儿做了什么见不得人的事。姑娘见母亲怀疑自己的贞节,又羞又气,更无脸见人,便横下一条心,在夜晚偷偷逃出家园投河自尽。事有凑巧,当时河边有一渔船,上有一个蒲姓老人和女儿小英正在月光下撒网捕鱼。他们救起了姑娘,问清了投河的缘由。第二天,小英根据父亲的指点,从山上挖了一种好草,翠绿的披针形叶,上被白色丝状毛,边缘呈锯齿状,顶端长着一个松散的白绒球。风一吹,就分离开来,飘浮空中,活像一个个降落伞。小英

蒲公英

采回了这种小草,洗净后捣烂成泥,敷在姑娘的乳痈上,不几天就霍然而愈。以后,姑娘将这种草带回家栽种。为了纪念渔家父女,便称这种野草为蒲公英,简称公英。

这美丽的传说可能是虚构的,但它治疗乳痈的良效却是真实的。实验证明,蒲公英对金黄色葡萄球菌、溶血性链球菌、肺炎双球菌、脑膜炎双球菌、白喉杆菌、绿脓杆菌、痢疾杆菌、伤寒杆菌、卡他球菌等,皆有杀灭作用,对结核杆菌、某些真菌和病毒也有一定的抑制作用,因此在一定程度上可代替抗生素使用。

现代医学研究表明,蒲公英植物体中含特有的蒲公英醇、蒲公英素以及胆碱、有机酸、菊糖、葡萄糖、维生素、胡萝卜素等多种健康营养的活性成分,同时含有丰富的微量元素,其钙的含量为番石榴的2.2倍、刺梨的3.2倍,铁的含量为刺梨的4倍,更重要的是其中富含具有很强生理活性的硒

元素,因此蒲公英具有十分重要的营养学价值。

柳絮飞扬

红皮柳是杞柳的一种,杞柳的主要品种有大白皮、红皮柳和青皮柳等。红皮柳,枝条鲜紫红色,节间短,叶柄红色,髓心小,质量次于大白皮。

■图与文

您知道春天柳絮飞扬的奥秘吗?抓一团柳絮仔细观察会发现里面有些小颗粒,那是柳树的种子,柳树就是靠柳絮的飞扬把种子传播到远处去的。

能用于编织的柳树以灌木居多,它们大多生长在低湿地带的滩地、河岸等处。和阳簸箕所采用的柳条生长在低湿地带,属灌木类,通高在2~4米,叶片细长,当地人称为簸箕柳,再别无他名。这种能编簸箕的柳树学名杞柳,俗称笆斗柳、红皮柳。杞柳是柳树的一个种类,主要分布在黄河、淮河及长江中下游地区。因浙江一带常用它来编笆斗,俗称"笆斗柳";在我国北方大多数地区用它编簸箕,又名"簸箕柳"。因其幼嫩时呈红色,故又称红皮柳。

红皮柳属灌木,高达4米,小枝黄绿色或带紫色,无毛,叶互生或近对生。葇荑花序常弯曲,雄花序长1.5~2.5厘米,雄蕊2,花丝全部连合,花药淡红色,腺体1,生于腹面;雌花序长约2厘米,子房卵形,无柄或近无柄,密被毛,有花柱,柱头2裂;苞片倒卵形,中部以上暗紫黑色,有长毛。果序长2~3厘米,有毛;蒴果2裂。花期3—5月。

人们常见的竹编或草编器具都是用一种材料编织而成。柳条簸箕则是

由柳条和绳子两种材料编织而成，并且在编织过程中主要依靠绳的穿梭形成整齐、美观的纹理效果。编织簸箕对绳有两大要求：一是韧性好，二是结实耐用，因此过去和阳人都去韩城买麻绳，这种麻绳比一般的麻绳要粗。到20世纪80年代初期，尼龙绳取代了麻绳并一直沿用至今。尼龙绳如今在坊镇街上就有很多卖的，物美价廉。

红皮柳

第五章
人类的飞行

太空探险，无论从科学技术角度还是从探险的艰难程度，都是人类其他探险活动所无法比拟的。人类的许多探险活动，如极地探险、海洋考察、登山等，探险者所面临的往往是地理上尚不为人所知或知之不多的地区，他们对未知的征程总有一个方向的概念，向前！只要勇往直前，就能到达胜利的彼岸。但是，太空探险者所面临的困难却要大得多，他们不仅要运用各种科学知识来研究太空环境和探险目的地，还要随时确定和把握自己飞行的方位、路线和速度，因为即使是百万分之一的错误，也会差之毫厘，失之千里，成为太空世界的迷途者而永远回不到地球了。

古人的飞翔幻想

夜，朗空如洗，明月高挂，满天繁星恰似无数金的珍珠、光的宝石，镶嵌在浩瀚的太空之中，使人感到了太空的高远、深邃和神秘莫测。人们向往太空，期求奔向太空，去追寻美丽的梦想。

从遥远的古代起，人们就对浩无边际的太空充满了神奇的幻想。在古人看来，太空就是众神居住的"天国"，那闪闪发光的星辰都是神的化身。在那里，无所不能的神灵洞察并主宰着世上的一切。古代希腊人相信，他们的神是能够飞翔的，不然，这些神怎么能来往于天上人间呢？在希腊神话中，众神的使者赫耳墨斯被描绘成头戴翼帽、脚穿飞鞋的样子，太阳神赫里俄斯则每日乘着由4匹带翼骏马拉着的火焰战车，自东向西，晨出夜没，把光明带给人间。罗马神话中的爱神丘比特则是一位长着翅膀的童子，他手持弓箭在空中飞翔，谁中了他的金箭就会得到爱情，中了铅箭就要失去爱情。这种带翼的神灵经常出现在世界上许多民族的传说和民间故事中。

公元160年，希腊作家卢基阿诺斯写了小说《伊卡罗·米尼朱波斯》。小说的主人公米尼朱波斯巧妙地把鸳的右翼和秃头鹰的左翼取下来装在自己的肩膀上，然后扇动着翅膀从奥林匹斯山飞向月球。刚开始飞翔时，由于不太适应而感到头晕目眩，但不久便习惯了。他飞过5 500千米的高空，到达了月球。

爱神丘比特

飞 行

1516年，意大利诗人阿里奥斯特写了《狂热的奥尔朗斯》一诗，诗中的主人公奥尔朗斯骑着带翅膀的马，飞往月球。

1639年，德国的朱安·波德旺写了篇题为《德米尼克·冈扎莱斯的月球旅行》的故事。主人公冈扎莱斯乘船在大西洋里航行，后来他病了，被丢弃在圣赫勒拿岛上。他和家人相距较远，幸亏有一种来自月球的神鹄能传递信件。冈扎莱斯开始训练神鹄群，他在神鹄身上扎上重包，训练负重飞行的能力。经过训练，这些神鹄能够负重飞行了。于是，冈扎莱斯在几十只神鹄上系上绳子，扎上棒，他跨在棒上，飞回了欧洲大陆。后来，神鹄带着冈扎莱斯飞到了月球世界。在冈扎莱斯所访问的月球世界里，居住着身长3～10米的巨人，平均寿命是5 000年，一个名叫伊卢多兹尔的皇帝统治着这个世界。

中国是一个历史悠久的国家，自古以来，流传着许多关于古人飞向天空的美丽传说。唐朝曾有这样一个传说。长安城的皇宫里，唐玄宗一边听着管乐之声，一边欣赏着那高挂中天的明月。这时，侍奉在身边的一个道士"刷"地一下把拐杖扔到空中，顿时一架碧玉般的长桥凌空而入云端。唐玄宗撩袍迈步，穿云破雾，奔月而去。他一踏入广寒宫，只见冰雕玉砌，一片银色世界，无数仙女翩翩起舞。玄宗顿觉心旷神怡，流连忘返。置身于仙境中的唐玄宗，直到道士催促，才恋恋不舍地踏上归途。待玄宗的脚刚落地，那座长桥便倏然而逝。这就是唐明皇游月宫的故事，它反映了人们征服自然的强烈愿望和追求。

鸟儿在天上飞得那样悠然自得，引起古人们无限的联想。他们觉得人也能学会飞翔。尽管人没有翅膀，但人富有创造力，能造出车船，载人驰越陆地或漂洋过海，认为人造出飞行器具也应当不是件难事。于是，最早的飞人出现了。

谁是第一个尝试飞行的人？这个问题没法考证。当人类建造出最原始的飞行物之后，恐怕就有人去试试它们能不能带人飞上天。因为最初的尝试往往没有把握，所以许许多多的"飞人"也就被埋没了。

希腊神话中有这样一个故事。有个叫代达罗斯的工程师在克里特岛建造了一座迷宫，宫中饲养着一头人身牛头怪物。后来，代达罗斯和他的儿子伊卡洛斯被米诺斯国王监禁，他们用蜡和羽毛为自己制造了翅膀，就逃了出来。代达罗斯用这对翅膀成功地飞到那不勒斯。伊卡洛斯由于对这种新的飞行实践欣喜若狂，他年轻气盛，没听父亲的忠告，而飞得离太阳太近，致使翅膀熔化，坠海身亡。

在中国，最早有关飞人的记载是在东汉史学家班固撰写的史书《汉书·王莽传》里。大约在2 000年前的西汉末年，大臣王莽夺取西汉的政权，当上了皇帝，并且建立了新王朝。那时北方的匈奴常常侵犯王朝的北部边疆。王莽决心发动反击匈奴的战争，并发出通令，公开征召各种善于打仗或有特殊技能的人士从军，并许诺给这些"异能士"以很高的官位和俸禄。

于是，有数以万计的人前往应召。应召的人都说自己是"异能士"，有种种非凡的本领。其中有一个人说自己会飞，而且一天能飞上千里，可以飞到天上去侦察匈奴的情况。为了测验这些人的本领，王莽把他们叫到国都长安进行考试，让他们当众表演。当轮到那位自称能飞的人表演时，只见他把一对大鸟的翅膀绑在自己的身上，然后从头到脚都披戴着鸟的羽毛，打扮得就像鸟一样。翅膀上装有许多环扣，上面穿着一些带子，带子系在手和脚上。这样，只要挥动手和脚，翅膀就会来回扇动。表演开始了，他张开翅膀，从一个高高的台子上飞下来，并用力地扇动翅膀，果真他在飞行了几百步远后，才落地。

不管飞行效果如何，中国2 000年前就有人尝试飞行，这是事实。可惜的是，史书上并没有记载"飞人"的名字，只知道这位"异能士"是个年轻的猎人。可能是他在打猎的时候，经常观察鸟类的飞行，特别对老鹰滑翔的情景十分熟悉，所以他就模仿起老鹰滑翔的动作。他应征的时候正是秋高气爽的九月，也许又刚巧碰上一股上升的气流，把他带过了几百步远。当然，用鸟的羽毛是难以飞行的，这种表演也没有什么实用价值，但毕竟是一种勇敢的创举。正是这个原因，尽管王莽知道他的飞行在战争中未必能发挥作用，但为了借"异能士"的名声来维护自己的信誉，王莽仍让他升了官，并送给他车马。

飞 行

　　类似的飞行尝试，在外国历史文献里也有许多记载。但是，这些飞人的努力不是毫无用处，就是以失败而告终。意大利生物学家博雷利在17世纪后期证明，人的沉重而又非流线型的躯体是不适于带翼飞行的。人的心脏只相当于其总重量的0.5%，而莺的心脏却占8%多，小蜂鸟竟达22%。人的正常脉搏每分钟70次，而麻雀飞行时心跳每分钟竟达800次。这些都是鸟能高速飞翔的根本条件。假如人有人翼的话，为容纳进行飞行所需要的肌肉，就需有1.8米宽的胸膛。这当然是难以想象的。

　　据《息灯鹧文》和《事物纪原》记载，风筝是中国西汉初期的大将韩信发明的。那时，韩信把楚霸王项羽的大军围困在垓下（今安徽省）。为了瓦解楚军的军心，韩信用绸绢和竹片做了许多风筝，并且用竹子削制了许多笛哨，绑在风筝上。趁着夜深人静的时候，把风筝放到楚军的营地上空。风吹着风筝上的竹笛，发出呜呜的声响。有的传说甚至说，韩信让身材非常矮小的张良坐到风筝上，在风筝上吹起竹笛。与此同时，汉军士兵和着笛声高唱起楚国的民歌。歌声和笛声传到了楚军士兵的耳朵里，他们听到自己家乡的歌曲，纷纷想念起故乡，再也不愿打仗了。就这样，楚军军心涣散，结果大败。楚霸王项羽走投无路，又无颜再见江东父老乡亲，只好在安徽和县的乌江边自杀了。这就是"四面楚歌"的故事，也是关于风筝的最早传说。

　　风筝必须有风才能"飞"，这就是说，

■图与文

　　古代人在长期的观察中发现，要飞行并不一定要像鸟儿和昆虫那样扇动翅膀。看，一片树叶、一根羽毛有时也能在清风中飘行。慢慢地，人们开始试着用线扯着一块绸布或纸片飞，于是最简单的风筝诞生了。风筝给人们的飞行理想带来了新的希望，并孕育了现代飞行器——滑翔机和飞机。可以说，现代滑翔机或飞机的翅膀就是一只风筝。

97

科学第一视野 KEXUE DIYI SHIYE

风筝和由它演进而成的飞机只能在有空气的大气层里飞行。人类为了飞得更高，就必须飞出大气层去，但这需要有很高的速度，风筝和飞机不能胜任，因此就必须寻找另一种飞行器，这种飞行器就是火箭。火箭也是中国最早发明的。在美国华盛顿的"国家航空和空间博物馆"的飞行器馆里，有一块说明牌上写着："最早的飞行器是中国的风筝和火箭。"

火箭最早起源于宋朝民间的一种玩具"起火"（当时叫"口流星"，俗名"旗花"）。这种"起火"是将火药绑在竹竿上，点燃以后，竹竿借火药喷火的反冲力，直冲到天空中去。后来，宋朝一个叫冯弦的军官在"起火"的基础上，把火药筒绑在箭杆上，并在箭尾装上羽毛作为尾翼，这种火药箭就是现代火箭的原始型，它能够飞行较远的距离。

冯弦发明火药箭后，很快就把火箭应用于战争，使火箭成为一种军事武器。而试图利用火箭作为飞行工具，在世界上第一次进行火箭载人飞行尝试的则是明代初期一个叫万户的中国军官。

据美国火箭学家赫伯特·基姆在其名著《火箭与喷气发动机》一书中介绍，在1400年前后，中国一位试验火箭的军官万户曾试图研制一种能够载人飞行的火箭。他先是制作两个大风筝，将它们并排安放，并将一把椅子固定在风筝之间的构架上。他在构架上绑上47支当时最大的火箭筒，火箭筒的喷火口背朝椅子。他设想，火箭点燃后，就会产生一股向前冲的推力，同时向前

现代的火箭

运动又会产生一股风，使张开的风筝借着风势，很快地把人和椅子带到空中去。当一切就绪后，万户手持风筝坐在椅子上，命其仆人手持火把，随着口令，同时点燃47支火箭。火箭点燃后，火箭筒尾部喷火，随即发出巨响，离开山头往前冲去，火箭载着万户急速上升，冲入半空……

突然，火光消失，一边的风筝飞脱，接着只见万户的身体在空中打转，向山下摔去。等到众仆人和观众赶到山脚下，万户已体无完肤。

500多年后，国际天文联合会为纪念这位世界上第一个用火箭作动力飞行的中国古代探险家，将月球背面的一座环形山命名为"万户"。

古代人对飞行的探求，体现了他们征服自然、探索宇宙的决心和勇气，也反映出古人对天空和太空的向往之情。但是，他们对将会碰到哪些问题，遭遇到什么样的危险则茫然无知。他们只靠着一些不完整的知识和经验，以为只要一直向上飞行，就能到达"天国"。事实上，在通往天空和太空的道路上，不仅需要有关飞行的知识，而且更主要的是要掌握完整的有关宇宙的科学。

宇宙究竟有多大？太阳、月亮和星星离我们有多远？它们是遵循怎样的规律运行的？我们脚下的大地是否在转动……对于这些问题，人类经过千百年的不断思索和探求，甚至用生命作代价，才逐步找到科学的答案。

飞机的诞生

人类征服天空的历史，就是不断探索、在失败基础上不断努力的历史，所以对于年轻人来说，永远保持探索精神，是人生命意义的象征。直到今天，我们在飞机的发展上已经取得了100多年以前人们想都想不到的成就，人类也没有停止继续探索飞行奥秘的脚步。

1874年，法国海军军官克鲁瓦研制的载人飞机，在布雷斯特由一位年轻的水手操纵，从山坡上往下助跑起飞，做了最早的短距离"跳跃飞行"

（即因升力不足形成的非持续性离地飞行，所以一概不视为成功的飞行）。该机由一台蒸汽机驱动，单层机翼，已经设计有平尾及方向舵等部件。

1876年，俄国的"飞机之父"、海军军官亚历山大·菲德罗维奇·莫扎伊斯基的飞机模型载着他的那柄佩剑，公开做了稳定的飞行表演。1881年，莫扎伊斯基在俄国获得"飞行机"设计专利。1882年夏季，莫扎伊斯基发明的飞机由戈卢别夫驾驶，在彼得堡市郊的练兵场上，沿一设置在斜坡上的导轨向下滑动助跑，进行了又一次著名的飞机飞行尝试，但只跳跃了几次，并未持续离开地面自由飞行，所以除前苏联之外，不被认为是一次成功的载人动力飞行。该机翼展12.2米，全重943千克，拥有21.1千瓦（30马力）英国制蒸汽机2台。

1875年，英国人托马斯·莫伊的一架54.5千克重的以蒸汽机驱动的串翼（前后翼）飞机，在地面环形滑轨上不载人离地0.152米飞过一段距离。该机名为"空中汽船"。1877年，罗什提出用动态系统稳定性分析的著名理论，为飞机的稳定性研究建立了最早的理论基础。

1886年开始，法国电话工程师阿代尔先后研制过4架不同的蝙蝠形飞机，其中第一架"阿维昂—1号"翼展6米，装有14.7千瓦（20马力）蒸汽发动机2台，可惜在试飞中当着法国陆军官员的面撞上了障碍物，造成发动机破损。1889年，"阿维昂—4号"在试飞中只离地跳跃了几下。直到1890年10月9日，他驾驶一架"伊奥利"号蒸汽动力单翼机，才首次在阿尔曼维利耶林苑平地上，依靠自身动力水平起飞成功，并短暂地向前"跃飞"了一段距离（一说50米）。因为仍然不属于水平持续飞行，与发明人类第一架飞机之殊荣失之交臂，但阿代尔仍然是航空史上一位著名的先驱人物。

1891年，美国航空先驱者兰利教授在华盛顿出版了《空气动力学试验》。他在连续试验了80余个飞机模型之后，终于在1896年5月6日试飞了第一架采用0.735千瓦蒸汽发动机作为驱动的串翼布局飞机模型，该机的螺旋桨直径1.2米，转速1 200转/分钟，翼展4.3米。经弹射起飞后可飞出1 600米远。1898年，他得到政府50 000美元的资助，于是投入到载人飞

机的研制中去。

1892年，俄国航空学者茹科夫斯基的《论鸟类的飞行》一文发表，分析了鸟与飞机飞行的理论抛物线，并预言了空中翻筋斗飞行的可能性。

1893年，英国人菲利浦制成由50块弯板组成的独特的"百叶窗型"飞机，名

■ 图与文

1891年，德国航空开拓者李林塔尔发表了《鸟类的飞行——航空的基础》一文并正式开始研究滑翔飞行。他每次飞行一般为半分钟，滑翔距离在200～300米之间。1894年，他用改进后的滑翔机从山坡上跳下，竟然滑翔了350米远，获得巨大的成功。1896年8月9日，李林塔尔在试飞中受伤，于次日去世。在六年中，他坚持进行滑翔实验达2000余次，先后使用过18架滑翔机，其中12种是单翼机。李林塔尔是人类早期探索飞行史上极具影响力的人物，并为后人发明飞机积累了宝贵的经验。

为"威尼斯百叶窗"。飞机翼展5.7（一说6.7）米，翼弦长仅0.038米，全重150千克，装4.1千瓦（5.5马力）发动机1台。在用沙袋代替人体试飞时，飞行距离达到4.5～75米，飞行高度0.3～1米，但仍然属于不成熟的"跳跃飞行"。菲利浦为了给飞机选择翼型，用风洞找到9种上凸下凹的翼型方案，是曲面翼型理论的倡导者。

1893年，澳大利亚人哈格里夫为美国气象局建立了17个风筝气象站，并使用他发明的箱式风筝，直至1933年。这种结构后来广泛用于双翼飞机的机翼设计。

1894年7月31日，旅英美国人、机关枪发明人马克辛姆研制了一架4座大型飞机，在600米长的铁轨上做了"受升力限制"的（不载人）滑行，测出升力有5 000千克。该机翼展31.7米，翼面积511平方米，机长44米，全高10米，采用132千瓦蒸汽机2台，净重2 268千克、总重3 629千克，采用多张线布局。由于试飞时仅离地跳跃前进，并且掀翻了导轨，所以还

没有到达可以载人飞行的程度。

1896年5月，美国人兰利经5年试验后，他的第五和第六号动力模型飞行成功。两个模型都飞到20米高，而且飞了3圈，距离760多米。11月28日，在又一次试飞中，飞行时间长达1分45秒，距离1800米。这是重于空气的（无人）飞行器首次用自身动力做了持续而稳定的飞行。

1896年，美国土木工程师、滑翔飞行者查纽特开始试飞自己的滑翔机。第二年，其最大飘飞距离可达120米。他的滑翔机的构型是早期滑翔飞行器中最先进的。查纽特曾于1894年出版了《飞行机器的发展》一书，这是历史上第一部航空史著作。

1896—1897年，美国人夏尼特自行设计并试飞了滑翔机，试飞次数多达1000次。1898年，其助手赫林加装了压缩空气发动机，改成一架双翼机，但没有飞行成功。

1897年，俄罗斯航空先驱人物齐奥尔科夫斯基建成俄国第一个风洞。1902年，俄国圣彼得堡大学建成全俄第一个属于官方使用的风洞。1897年，美国人卡帕特森设计出带侧板的气垫飞行器，被认为是现代侧壁式气垫飞行器之父。1897年10月14日，法国航空先驱人物阿代尔的双螺旋桨3号飞机在巴黎郊外跑马场上的滑跑中，曾在300米距离内数次"跃离地面"，做了断断续续的飘飞。由于他的飞机一直没能研制成功，军方撤销了对他的资助。

1901年，美国的莱特兄弟制成一座风洞，用双缸煤气机进行抽风，以实现吹风实验。其模型实验段的横截面达到103平方厘米，长2.4米，为莱特兄弟后来研制和发明飞机提供了有效的空气动力实验手段。

1901年，中国最早专门介绍飞机的文章《飞机考》被收编在《皇朝经济文编》中。这是中国人撰写的第一篇研究航空和飞机的文章。

1901年8月14日清晨，旅美巴西人怀特海德经多年努力，驾驶自制的单翼飞机在美国布里奇波特海滩试飞成功，据称飞行距离达800米，高度16米。该飞机造型呈蝶形，翼展10.7米，长4.9米，有双座封闭机身，采用15.7千瓦乙炔发生器动力2台。韦斯科普夫虽早于莱特兄弟首次飞行

二年，但因缺乏见证，未获世界公认。

1901年10月7日，由美国航空先驱者兰利研制的第一种采用汽油内燃机为动力的"空中旅行者"全尺寸载人飞机开始试飞，但是到12月8日，他的这架飞机还是没有飞上天空，美国政府因此终止了对他的经济援助。

1902年1月17日，据旅美巴西人怀特海德称，他的"22型"飞机在美国长滩海湾滑行20米后，离地升空飞行3 000米后才降落在海面。后一次试飞竟飞过11 200米，升高135米，但此项纪录未获见证和国际承认，成为后人有争议的一个历史研究话题。

1903年，中国开始出现航空题材的科幻小说，如明权社的《空中飞艇》和进行社出版的鲁迅大作《月界旅行》等等。西方世界的飞行探索已经引起中国人的关注。

1903年3月23日，美国的莱特兄弟向政府申请飞机设计专利，该飞机设计基于他们的第三号滑翔机。不久，由他们建立的美国的第一家飞机工场在俄亥俄州的代顿注册。

人类从此有了飞机。当时的首飞驾驶者为奥维尔·莱特。他在12秒的时间内飞出36.58米远，当时的目击者有6人、并拍下照片作证。当日共飞行了4次，最佳飞行成绩为：续航时间59秒，飞行距离260米，飞行高度3.8米，速度48千米/小时。该机采用双层机翼鸭式气动布局，一台12马力的内燃机通过2副自行车链条带动2副空气螺旋桨。而飞行员则俯卧在下层机翼上操纵飞机飞行。

■ 图与文

1903年12月17日上午10时35分，德裔美国人、自行车修造匠威尔伯·莱特和奥维尔·莱特兄弟在美国北卡罗来纳州基蒂霍克一处叫做"斩魔山"的小山坡上，以重物下落形成的引牵力，将自制飞机"飞行者"号推离地面，进行了被世人公认的人类首次有动力飞机载人飞行！

飞机的翼展为12.29米，自重274千克。莱特兄弟与他们的"飞行者"号飞机就此名垂青史，他们因此于1909年获得美国国会荣誉奖。同年，他们创办了"莱特飞机公司"。这是人类在飞机发展的历史上取得的巨大成功。初期的飞机都使用的是单台发动机，在飞行中常常会出现发动机突然停车的故障。这对飞行安全始终是个威胁。

宇宙中的第一颗人造卫星

当"V—2"火箭第一次升空发射成功的时候，多恩伯格在佩内明德基地曾对布劳恩等人说："可以认为，我们已把火箭射入宇宙空间，并且首次使用了宇宙空间作为地球上两点的桥梁。我们已证明火箭推进对宇宙航行是切实可行的，这在科学技术史上有着决定性的意义。除陆路、海上和空中交通外，现在还可以加上无限辽阔的宇宙空间作为未来洲际航行的一个新领域，这是宇宙航行新纪元的曙光！"

然而，希特勒的纳粹德国只是为了研制威力巨大的新型战略武器而发展火箭技术。随着纳粹帝国的覆灭和第二次世界大战的结束，人类终于迎来宇宙时代的黎明。

1945年夏季，德国被美、苏、英、法4个战胜国占领，全国处于一片混乱之中。由于当时德国在火箭技术研究方面大大领先于美、苏等国，所以美、苏之间展开了一场争夺德国火箭科学家、工程师和科研器材的战斗。结果，美国捷足先登，以冯·布劳恩为首的一大批德国科学家、高级工程技术人员和科研器材落入美国的手中，而苏联也得到了佩内明德火箭基地的部分导弹原型、发射装置和一些中、低级火箭工程技术人员。

同时，盟军又决定把缴获来的"V—2"火箭交由德国工程师进行公开的发射试验。出席观看这次发射试验的人当中有美国喷气推进实验室主任冯·卡门，前苏联火箭总设计师谢尔盖·科罗廖夫等科学家。1945年10月，

在德国北海沿岸城市卡斯哈滨发射了3枚火箭。其中一枚飞行了240千米后落在离目标1.6千米附近的水域,另两枚火箭虽然发射顺利,但却没有落到预定的地点。

这次"V—2"火箭的发射,给冯·卡门和科罗廖夫为首的美、苏两国的科学家和火箭专家留下了深刻的印象,他们从火箭发射时的轰鸣、浓烟和火光中看到了未来火箭和宇航技术的美好前景。

冯·布劳恩等德国科学家和火箭专家来到美国后,被派往新墨西哥州的白沙火箭试验场。开

冯·布劳

始,他们只是向美国人介绍一些有关"V—2"火箭的技术,同时也帮着美国人进行有关火箭设计和发射的工作。后来,冯·布劳恩开始参与美国的导弹研制计划,并成功地研制出新型的"红石"火箭和"丘比特"火箭,使美国的火箭技术得到较大发展。

这时的布劳恩已经是一名和平主义者,他念念不忘的是年轻时到广袤的宇宙空间去旅行的梦想。他抓紧一切机会同有关人员讨论宇宙航行的问题,访问将军、国会议员和企业家,在各种场合宣传自己20年来梦寐以求的理想。他说:"只要还活着,我不能丢掉乘火箭飞往月宫的美梦。"

1954年,冯·布劳恩被召到华盛顿,在那里他秘密会见了科学家和军界人物。他们讨论的主要问题是向地球轨道发射小型飞行物体的可能性。他以极大的热情和耐心向人们论证实现宇宙航行的"可能性"。他认为,使用现有的火箭技术,就能够把一定重量的人造卫星送到轨道上去。

他开始拟订报告书,与有关官员进行会谈……计划愈来愈完善了。不久,

美国陆军向白宫提交了发射人造地球卫星的计划，同时美国海军也拟订了"轨道飞行器计划"，提出要制造"先锋"号运载火箭，以便发射人造卫星，而空军则重新提出研制使用毛病百出的洲际导弹计划。

1955年7月29日，美国政府正式批准海军的人造卫星发射计划，公开宣布要在1957年的国际地球物理年实现这一计划。但是，美国的人造卫星发射计划在一开始就屡遭挫折，进展很不顺利。

当时的苏联领导人赫鲁晓夫在得知美国已经拟订人造卫星发射计划后，便连夜召开紧急会议。他认为，苏联人不能落在美国人的后面，苏联要赶在美国前面发射世界上第一颗人造地球卫星。他要与美国人展开一场和平竞赛。于是，担任苏联火箭总设计师的谢尔盖·科罗廖夫就成了这场和平竞赛的主角之一。

科罗廖夫16岁时，参加了乌克兰和克里木航空协会的滑翔机飞行小组，第二年他设计出自己的第一架滑翔机。对航空的兴趣，使他跨进通向宇宙的门槛。通过自学，他掌握了高等数学和航空学科方面的必备知识和理论基础，进入了基辅工学院的空气动力学班。在基辅工学院的日子里，他醉心于制造滑翔机，兴致勃勃地学习飞行，并开始探索天空的奥秘。

■图与文

谢尔盖·科罗廖夫1907年1月12日出生在乌克兰一个教师的家庭。当他9岁时，举家迁往敖德萨。离他家不远的地方驻扎有一支海上飞行中队，科罗廖夫经常到飞行中队去玩。望着那神奇的翅膀在蓝天上飞翔，他幼小的心灵里萌发出对航空的强烈向往。

1926年，科罗廖夫从基辅转学到莫斯科包曼高等学校的空气动力学系。他一边读书，一边在一家飞机制造厂工作，深夜还要伏在绘图板上构思着他的滑翔机。

1927年，莫斯科发明协会为庆祝苏维埃政权建立10周年，举办了首届世界星际航行器械模型展览会和关于

星际航行的讲座。这次展览会和讲座对科罗廖夫产生了巨大的影响。他生平第一次听别人如此内容丰富地讲解齐奥尔科夫斯基的思想和章德尔工程师的事迹，第一次从展览的展品和模型中了解到进行宇宙空间飞行的可能性。他见到了许多星际航行装置和各种各样的机械——从齐奥尔科夫斯基的火箭到章德尔的宇宙飞船，看到了戈达德、奥伯特和佩里特里（法国）等人的火箭设计方案。他为这些光辉的思想和人类的杰作所倾倒。

两年后的一天，科罗廖夫拜访了仰慕已久的宇航之父齐奥尔科夫斯基。这次会见成为他一生中的转折点。正如他后来所说的："从前我的理想是驾驶自己设计的飞机飞行，而见到齐奥尔科夫斯基之后，我一心只想制造火箭并乘坐着它飞行。这已成为我生命的全部意义。"

科罗廖夫放弃了飞机和滑翔机，开始着手火箭的研制。那时，大多数人对火箭抱有怀疑，有些人劝告科罗廖夫说，研究火箭只不过是空想，白白浪费精力和时间。可他却始终坚持自己的观点，对火箭的未来充满着信心。他和一些志同道合的火箭爱好者成立了火箭研究小组，他们的口号是："向着火星——前进！"

经过两年的努力，科罗廖夫的火箭研究小组终于研制成世界上第一枚固液混合型推进剂火箭"佩带09"。1933年8月17日，在莫斯科郊外的一块空地上，"佩带09"火箭正静悄悄地准备着自己的航程。科罗廖夫和同伴们的心情是紧张而又激动的。

液氧注满……开关打开……40分钟准备……科罗廖夫缓缓地走上前去，点燃缓燃导火线，然后进入掩蔽部。最后30秒，10秒……人们的心儿在跳，四周一片寂静。突然，一声轰鸣，火箭冲天而起，发射成功了。科罗廖夫和同伴们紧紧地拥抱在一起，多年的心血终于换来了成果。

科罗廖夫火箭研究小组的成功，引起前苏联元帅图哈切夫斯基的重视。在他的建议下，莫斯科和列宁格勒的火箭技术专家和工程师联合组建了世界上第一个火箭科学研究所，齐奥尔科夫斯基被推选为研究所技术委员会的名誉委员，科罗廖夫被任命为副所长，主管科研工作，同时担任弹道火箭和飞航式火箭设计局的负责人。

在科罗廖夫的领导下，苏联制订出宏伟的火箭发展规划，其中包括弹道式火箭和有翼巡航火箭的结构设计实验，以及研制借助火箭的载人飞行装置。在20世纪30年代，科罗廖夫主要致力于用在航空上的火箭技术的研究。可他的目标是宇宙飞行，是到广阔无垠的宇宙空间去活动，他指出要从有翼火箭研究转到可控火箭研究。他提出研制新的液体燃料火箭发动机，减轻结构重量，解决返回大气层的问题，制造密封舱和太空生活保障系统等一系列火箭技术新课题。

第二次世界大战结束后，科罗廖夫被派去与被俘的德国佩内明德基地的火箭专家和工程师合作，研究和改进德国的"V—2"火箭。经过对"V—2"火箭原型和技术资料的深入了解，科罗廖夫很快掌握了"V—2"火箭的秘密。在他的主持下，苏联研制出一系列"V—2"火箭的改进型，成功地发射了第一枚弹道式火箭，使苏联的火箭技术发展到一个新的高度，进入世界领先地位。

1949年，科罗廖夫发起用火箭对大气层的研究，并开始把动物送上太空进行生物试验。1949年5月24日清晨，科罗廖夫设计局研制的第一枚地球物理火箭"P—1A"发射上天，达到预定高度，火箭上安装的两台各85千克的仪器，获得高空飞行的新数据。随后，他选择了两只小狗充当第一批航天使者，进行动物太空飞行适应性试验。1951年6月，这两只小狗被装进地球物理火箭头部的专用密封容器内，成功地发射到了110千米的高空，然后安然无恙地返回地面。通过对动物的一系列发射试验表明：发射时产生的超重和失重对动物的心率、血压或呼吸系统均无重大影响。

科罗廖夫脚踏实地攀登火箭技术高峰，一步一步地实现他对宇宙飞行的理想。当他从收音机里听到美国总统艾森豪威尔宣布美国将于1957年7月至1958年12月的国际地球物理年发射人造卫星的消息后，他更是激动不已，彻夜难眠。他感到有一种前所未有的强烈使命感。他知道，人类已经开始步入宇宙时代，千百年来人们梦寐以求的宇宙航行和探险将成为现实。他开始连夜赶写关于加快苏联人造地球卫星研制计划的报告。他要走在美国人的前面，让全世界都为苏联人民的成就而感到骄傲。

飞行

苏联政府很快批准了科罗廖夫的报告，在哈萨克大草原上，加快了兴建规模宏大的拜科努尔卫星发射基地的步伐。

由于单级火箭的推力不足以发射绕地球轨道飞行的人造卫星，科罗廖夫便把研制更大推力的运载火箭作为自己的重要使命。他根据齐奥尔科夫斯基关于"火箭列车"的设想，提出用串并联或并联的方式组成多级火箭和捆绑式火箭，并决定首先采用一枚两级火箭来发射第一颗人造地球卫星。

1957年10月4日的夜晚，在探照灯强烈灯光的照射下，拜科努尔发射场像是荒原上的一座孤岛。在"孤岛"的中央，一枚巨大的火箭正巍然屹立，傲视着苍穹。

这时，天幕上群星闪烁。凝神远眺夜空深处，天穹好像是一个巨大的生灵，神秘而诱人。天的那边是什么呢？在那遥远而奥妙的宇宙世界里，人们会得到什么呢？

耀眼的灯光映出火箭旁一个青年的身影。他敏捷地把一支金光闪闪的铜号举到唇边。

"嘀嘀—哒—哒嘀嘀—哒……"号音在草原上回荡，直飘向夜空。

"全体注意！全体注意！"

"轰……"一声巨响伴着冲天的火光，火箭载着世界第一颗人造地球卫星"斯普特尼克"1号，像一条巨龙向大气层冲去。它冲破了大气层，把一颗重83.6千克、带有两个无线电发射机的铝合金小球送入到地球轨道。从此，在浩瀚的宇宙中，出现了第一颗人造物体，人类开始进入宇宙航行的新时代。

世界上第一颗人造

前苏联发射的世界第一颗人造卫星

地球卫星的发射成功在全世界引起巨大轰动。法国的著名物理学家约里奥·居里高兴地欢呼："这是全人类的伟大胜利,是人类文明史的转折点。人类将不再被束缚在自己的星球之上了。"英国的天文台主任贝纳尔·洛维教授说:"人造地球卫星的发射是一个出色的成就。它证明苏联的技术进步已达到很高阶段。"美国国际地球物理年全国委员会主席罗杰尔·卡普兰则发表声明:"他们在如此短的时间内的所作所为令人吃惊。他们花的时间绝不比我们多……"

是的,对美国人来说,他们似乎有着一肚子的委屈。美国的火箭技术并不比苏联差多少,更何况还拥有像冯·布劳恩这样的世界第一流的火箭专家。但是他们太过于自信而忽视了苏联的组织才能和创造力,所以在这场和平竞赛的第一回合中遭到了失败。

为挽回面子,美国急急忙忙决定在1957年的12月4日,从佛罗里达州的卡纳维拉尔角,用海军的"先锋号"三级火箭发射第1号卫星,但是因大风和技术上的故障而不得不推迟两天才发射。可点火以后只两秒钟,又因火箭发动机的推力不足倒在发射台上,整枚火箭在熊熊烈火中烧毁。

第一次人造地球卫星发射失败后,美国立刻调用由冯·布劳恩研制的"丘比特"C型火箭来进行人造卫星的发射。经过紧张的安装和调试,到1958年2月1日,终于把一颗重14千克的人造地球卫星"探险者"1号送入轨道。这颗卫星发射虽然比苏联晚了100多天,但是这颗卫星安装有一台探测放射性仪器,发现了地球外围有一层辐射带。这一科学发现多少为美国人挽回一点面子。

宇航时代就是这样在美苏和平竞赛的背景下拉开了序幕。

第一位"太空人"加加林

1960年8月,苏联将载有两条狗和一些老鼠、苍蝇的太空舱送入地球

轨道，并成功地进行了回收。苏联的载人宇宙飞船已经进入了实用阶段。可是，苏联当时最大的火箭尽管有4台发动机，但最大推力只有102吨，用来发射载人飞船是远远不够的。

怎么办？苏联科学家科罗列夫想出了一个绝妙的主意，他将5枚RD—107火箭组合起来，

■ 图与文

1961年4月21日清晨，阳光洒在苏联中部的拜科努尔宇航中心，宇航员尤里·加加林少校怀着紧张激动的心情跨入了飞船。他透过厚厚的舷窗望了望为他送行的人们，感到非常荣幸，因为他不只代表他的国家，同时也将代表生活在地球上的几十亿人去实现他们多少年的梦想。

这样它们就拥有500吨的推力，足以发射一艘载人飞船。急于抢先发射载人飞船的"东方"1号，被推上了集束火箭的顶端。

加加林1934年3月9日出生在前苏联斯摩棱斯克州一个集体农庄庄员家庭，少年时代，家乡遭德军铁蹄蹂躏，生活非常艰苦。第二次世界大战结束后，加加林才开始上学读书。在学校里，他是个聪明、内向而勤奋的孩子，毕业后考入了莫斯科的一所专科学校学习。或许是命里注定的选择，都市的华丽没能吸引这位来自乡下的青年人，他渴望飞行，正好苏联空军也在广罗人材，他成了一名飞行员。不久，在苏联宇航委员会招考宇航员时，他又过五关斩六将入选了。"尤里·加加林是个不平凡的人，他有坚韧不拔的意志，富有同情心，待人体贴入微、善良，他从不无事闲坐……他既有成年人的沉着，又有几乎是孩子般的天真……"这是苏联著名宇航员沙塔洛夫对他的印象。

9时7分，飞船终于起飞了，5个集束而成的火箭载着"东方1号"宇宙飞船向太空飞去。它带着人类的梦想，带着数不清的疑问，带着一颗年轻的心高高飞去，渐渐化为一个亮点、融于蓝天白云之中。加加林望着远去的大地、河流、森林，人类第一次在这么高的天空俯视大地、人间。"东

尤里·加加林军装照

方 1 号"飞船以 7.9 千米/秒的速度向轨道飞去，太空失重环境并未影响加加林思维的敏捷，他仍富有诗意地说："我仿佛闻到了田野的芬芳。"他还惊异地发现，地球被一层淡蓝色的光笼罩着，在茫茫夜空中放出神秘的光彩。

"东方 1 号"达到最高点 327 千米时，加加林已经适应了失重的环境，这说明人是可以适应失重环境的。按程序安排，他该吃东西了。科学家们考虑了失重的影响，怕固体食品到处飘舞，专门设计了一种流体状食品，放在导管里，简单加热后即可食用。但加加林觉得这像牙膏一样的东西不太好吃，他仍然兴致勃勃地品尝着，观察舱内的仪表，认真做记录拍照。

"东方 1 号"飞船是苏联第一代宇宙飞船，只能容纳一名宇航员。它由两部分组成，一部分是生活舱，星球状，里面有 3 个舱口，分别用于放下降落伞，通向机械舱和供宇航员进出，3 个观测窗可以观测外面；另一部分是机械舱，控制飞船在轨道上飞行、返航，是飞船脱离火箭后的动力装置。生活舱内气温适宜，只有 20℃左右，气压和地面上一样，氧气是靠化学物质反应获取的，然后再和一定的氮气、水蒸气按比例混合送进生活舱内。

"返航！"地面传来了指示，加加林启动了装在机械舱的制动火箭，飞船减速了，然后姿势控制火箭喷射气体使飞船脱离轨道，向地球飞来。上午 10 时 25 分，飞船在北非上空进入稠密的大气层，球型的生活舱已经与机械舱脱离，后者被抛进太空了。高速下降的生活舱与大气剧烈摩擦，

顶部发出明亮的火光，加加林有些担心整个生活舱会熔化掉，但舱外面涂有一层厚厚的材料可以抗 5 500℃ 以上的高温，使舱内的温度始终都保持在 20℃ 左右。当生活舱离地面 7 700 米时，加加林和座椅一起弹射出来，3 顶彩色的降落伞慢慢地张开了，下降到 4 400 米时，座椅和加加林分离了，他慢慢地飘落在地上。这里是萨拉特夫县的斯米罗夫村，一位乡村老人正惊异地望着这尊从天而降的"天神"……

尤里·加加林的成功飞行，实现了人类千百年的一个梦想，在人类征服自然的历史上写下了光辉的一笔，也给他个人带来巨大的荣耀。加加林被任命为苏联宇航员训练中心副主任，还担任了苏联最高苏维埃代表，共青团中央委员，苏古友协第一任会长。他的塑像竖立在星城广场上。

1967 年，苏联准备发射新型"联盟"号载人飞船，这使加加林非常高兴，自他任宇航员训练中心副主任以来，很少有机会直接参加太空飞行，这次国家宇航委员会特地把加加林列入试飞人员名单。1968 年 3 月 27 日清晨，加加林在机场附近的空军医院里做了必要的身体检查后，微笑着与谢廖金上校一同走向一架米格 15 教练机。谢廖金上校曾获苏联英雄称号，是一位真正的飞行家，他多次在能见度为零的情况下，将飞机稳稳地停在跑道上。今天他将陪加加林做最后一次训练飞行，然后就放加加林单飞。10 时 19 分，飞机已经到达指定空域。"625 呼叫，一切正常。"加加林的代号是 625，他完成空中作业后准备返航了，但无线电突然沉默了，雷达也发现这架飞机突然消失了。指挥官们陷于焦虑不安之中，最后决定派一架直升机沿着他飞行的航线去寻找。在基尔扎奇市附近的密林里，人们发现了坠毁的飞机，人类第一个"太空人"永远离开了我们。

这次事故的原因一直是个谜，直到 1987 年苏联《科学与生活》杂志才披露了事件的真相：加加林返航时，飞机进入了低层云，无法确定地平线，几乎垂直俯冲。当他意识到这一点时，飞机离地面已只有 250～300 米，一切努力都来不及了，以每秒 100 米速度飞行的飞机 2 秒多钟就撞上了地面……

现在，在星城的博物馆设有一间纪念室，尤里·加加林的各种私人用品和照片都陈列在这里。陈列台上还摆放着许多礼物,他办公室的全套设备也搬到这里,引人注目的是一个挂钟,永远地停在 10 点 31 分,这个时刻是难以忘记的。

如今,准备飞向太空的苏联宇航员都虔诚地到这里祈求尤里·加加林的保护。

苏联第一代飞船"东方号"共发射了 6 次,都获得了成功。在加加林首航成功 4 个月后,季托夫乘"东方 2 号"飞船绕地球 17 圈共 25 小时 18 分,这次航行首次试用人工操纵飞船。由于飞行时间长,还特地进行了次空间睡眠试验,人们曾担心他会一睡不醒的。几小时后,季托夫醒来了,他感觉良好,只是后来感到有些头晕,医学家们把这种类似晕车的运动病定义为"宇宙病"或"季托夫病",研究了新药来应付这种情况。

乘这一代飞船最后进入太空的是一位巾帼英雄捷列雪科娃,她于 1963 年 6 月 16 日乘"东方 6 号"飞船进入轨道,环地球飞行 48 圈,历时 70 小时,使那些怀疑妇女能进入太空的人惊叹不已。

奋起直追的水星飞船

加加林成功的太空飞行使美国总统肯尼迪无比感伤,他在华盛顿的一次集会上说:"看到苏联在太空上比我们领先一步,再也没有人比我更泄气了……"1961 年 5 月 5 日,美国水星飞船"自由 7 号"发射成功,宇航员艾伦·谢伯特在太空飞行了 15 分 23 秒,总算替美国人挽回了一点面子。

水星飞船外型像一个铜钟,底面直径 1.8 米,高 2.8 米,顶部直径 0.5 米,重 1.35 吨。为了安全起见,还在飞船的顶部外安装了一个紧急脱险火箭,一旦"红石"火箭发生故障出现危险时,宇航员可以启动紧急脱险火箭将飞船带走。

水星飞船也只能容纳一名宇航员,它外壳较薄,舱内注有 113 个大气

压的纯氧（一个大气压的纯氧会使人中毒），保持适宜的温度。

和苏联一样，美国也发射了6艘水星飞船，它们分别叫"自由"7号、"友谊"7号、"极光"7号、"西格马"7号和"忠实"7号等。1962年2月20日，"友谊"7号水星飞船载着宇航员格伦环绕地球3周，共飞行了1小时55分22秒，才赶上苏联的水平，但空中飞行的时间还远不如苏联长。

■图与文

水星飞船是由"红石"火箭送入太空的，但它没有像"东方飞船"那样环绕地球飞行，而是像一颗炮弹那样在太空中划了一道弧，高度达到185千米，最后溅落在大西洋中。弹道飞行显然比东方飞船环地球飞行要逊色得多。

1963年5月15日，"忠实"7号水星飞船发射成功，载着宇船员库柏环地球飞行22圈，共34小时20分，从而结束了水星计划。

"水星计划"是美国研制和发射水星飞船计划的统称，水星飞船是美国第一代载人飞船。为了执行水星计划，美国于1959年开始从空军和海军的试飞员中挑选宇航员，这些人都毕业于试飞学校，具有工程或科学学位，飞行技术高超，起码有1 500小时的飞行经验。由于水星飞船舱内比较狭小，宇航员的身高都被限制在1.8米以下。宇航员职业不是普及的职业，只有少数优秀的人才可能入选，所以人称"天之骄子"。美国第一轮挑选宇航员时，在508人中只录取了25名，医生对他们的身体、体格做了全面检查，还进行了特殊功能实验，检查神经、心理有没有什么毛病，对加速度、热流、低气压、隔绝和幽禁的适应能力的测试，在大负荷的跑跳、寒冷、平衡功能及高噪声的实验中又淘汰了十几名，最后7名佼佼者成为美国历史上的首批宇航员。

7名宇航员进行了两年紧张的训练。教官们将训练分成两大类：一类为一般训练，一类为特殊任务训练。在一般训练中，宇航员要深入学习科学技术的基本知识，飞行器操纵，飞行环境应急救生和体格训练等；特殊任务训练是为完成某一特定任务而进行的，需要宇航员掌握力学、空气动力学、制导、控制原理、导航、通讯等知识。地面模拟器安装了和太空舱一样的仪表，模拟舱可以在6个自由度上模拟空间飞行。由于飞行时宇航员处于失重环境，宇航员要在高速飞行的喷气式飞机上感觉上升下降时产生的片刻失重，在失重水池里也可以寻找这种失重感；耐温训练是最残酷的，每个宇航员都要在50℃高温的环境下做到临危不乱，正确、果断地处理各种情况，还要能经受得起70℃的高温环境；宇航员还要去工厂参观水星飞船的生产，了解飞船结构和总体布局，与地面控制人员联合训练。

乘水星飞船进入空间的宇航员有：谢泼得、格里索姆、格伦、卡彭特、希拉和库柏，其中库柏的飞行时间最长。

成功的代价

"明月几时有，把酒问青天。不知天上宫阙，今夕是何年。我欲乘风归去，又恐琼楼玉宇，高处不胜寒。起舞弄清影，何似在人间。"

宋朝著名文学家苏东坡从天上的明月，想到了天宫。在他看来，那天上的宫殿一定是神仙居住的地方，是用美玉砌成的，然而它高高地建在空中，一定非常寒冷吧。在天宫里仙女们的轻歌曼舞，总不如在人间那么美好。苏东坡的想象确实很美妙，可是天宫毕竟虚无缥缈。在高高的天上，没有神仙，也没有琼楼玉宇，只有空旷和寂寞，那么人类能不能建造一座"天宫"呢？

自从载人宇宙飞船发射成功以后，航天科学家们就在考虑这样的问题：过去的宇宙飞船最多只能乘两三个人，宇宙飞船上没有供宇航员长期生活的设备，而且那种宇宙飞船也不能长期在太空中飞行。为了对地球及其周围的空间进行长期的研究，为了将来深入到更深的宇宙空间，必须建造一种能在地球轨道上长期运行的、可供多名宇航员长期生活的空间轨道站，

也就是人们所幻想的"天宫"。

然而，要建造大型的"宫殿"，是难以实现的，因为还没有那么大的火箭能把一座大型建筑物推到地球之外去。于是，航天科学家开始计划建造小型的空间轨道站。

■ 图与文

1971年4月19日，苏联从拜科努尔航天中心，用"质子"号运载火箭，将世界上第一座试验性空间轨道站——"礼炮"1号送入地球轨道。"礼炮"号是为纪念加加林飞行10周年而命名的。轨道的近地点为200千米，远地点为222千米。

美国是以其威力巨大的"土星"5号运载火箭为后盾才完成登月壮举的，他们当之无愧地赢得全世界的喝彩。苏联自知"质子"号火箭的推力不如"土星"5号强大，无法将载人宇宙飞船送到月球，但是苏联另辟蹊径，率先将"礼炮"号空间轨道站送入太空，为人类宇航事业的发展做出了贡献。

"礼炮"1号是一个小型空间轨道站，重约19吨，长13米，最大直径4米，整个轨道站由工作舱、对接过渡舱和服务舱3部分组成。苏联计划先把"礼炮"1号送入地球轨道，让它在太空中绕地球飞行，然后将载有宇航员的"联盟"号飞船发射到太空，和"礼炮"1号轨道站对接。对接以后，飞船上的宇航员进入轨道站的工作舱，在经过一段时间的工作后，再返回地面。

"礼炮"1号轨道站发射升空后的第4天，苏联发射了载有3名宇航员的"联盟"10号飞船。这次飞行的主要目的，是实现与"礼炮"1号的对接，试验对接和联合飞行的各种操作。结果，"联盟"10号飞船与"礼炮"1号轨道站对接成功，但宇航员没能打开"礼炮"1号的舱门，在联合飞行了5.5小时后，"联盟"10号飞船只好返回地面。第一次入"天宫"受挫。

一个多月后，第二批3名宇航员乘"联盟"11号宇宙飞船再次闯"天宫"。这回不仅对接成功了，舱门也打开了，3名宇航员进到像一个大圆筒的"天宫"。"礼炮"1号轨道站正式接待了第一批"房客"，他们是指令长格

科学 第一视野 KEXUE DIYI SHIYE

奥尔基·多勃罗沃利斯基、宇航员弗拉基斯拉夫·沃尔科夫和维克多·帕查耶夫。

在整个6月份里,苏联电视台每天都有"礼炮"1号上的消息,报道3名宇航员的活动。3名宇航员在轨道站里共生活了23个昼夜,进行了天文观测、生物医学试验、远距离摄影等科学考察和实验活动。

在最后一天里,一切工作依然严格按程序进行。宇航员向地面控制中心报告了考察的情况,并说:"全体宇航员自我感觉良好。"在完成所有工作,接到返回地面的指令后,"联盟"11号和"礼炮"1号轨道站顺利分离,开始返航。此时,飞船上的所有系统依然一切正常。然而,当"联盟"11号制动发动机点火工作后,地面控制中心与宇航员的联系突然中断了。

"'联盟'11号,'联盟'11号,请回答呼叫……"

地面控制中心不停地呼叫,可是一点回音也没有,一定发生了意外!地面人员立刻组成营救小组。

在哈萨克斯坦的上空,飞机和直升飞机迎向正在返回降落的飞船。

飞船实行了软着陆。一架直升飞机降落在它的旁边,接着另一架直升飞机也降落在旁边。还没等旋翼停稳,医生和营救人员就跳到地上,向飞船跑去。

人们迅速打开舱口盖,只见舱内3名宇航员安详地坐在自己的工作位置上,旁边整齐地放着搜集到的许多实验资料、摄影胶卷、磁带、航行日志、装有生物标本的容器……简直难以相信多勃罗沃利斯基、沃尔科夫和帕查耶夫竟然已经死去了,在成功地进入世界上第一座轨道站之后牺牲了。

苏联有关方面对这起事故进行了细致的调查。在对"联盟"11号宇宙飞船的飞行参数记录进行研究后确定,在下降段之前,飞船的飞行一直正常。直到着陆为止的历时30分钟的飞船下降段内,下降装置内的气压迅速下降,导致宇航员突然死亡。医学和病理解剖学检查证明了这一点。

事故的原因是飞船的座舱密封出了毛病,使气压急速下降,宇航员因缺氧,人体内血压致命地升高,血液突然冲入大脑,引起脑血栓而死亡。人们对造成飞船座舱不密封的原因做了种种猜测和推断,一般认为,这是

由于舱内的一个阀门失灵，空气从气阀门漏出。从阀门漏气到舱内空气跑光，最多不到一分钟时间，而宇航员用手拧紧阀门，即使在最有效的状态下，也需要两分钟！可见，设计上有重大缺陷。

这次事故是苏联航天史上的一次大悲剧。为了重新鼓起苏联人民的信心和勇气，苏联领导人以空前的规模，为3名宇航员举行了隆重的葬礼。7月1日，在莫斯科的苏军中央之家举行了全市性的与遗体告别仪式。3名宇航员被追授"苏联英雄"的称号。

在"礼炮"1号之后，到1982年4月发射"礼炮"7号为止，苏联相继发射了7个"礼炮"系列空间轨道站。"礼炮"2号～"礼炮"7号轨道站，都是在"礼炮"1号的基础上不断改进结构、更新设备的产物。如1977年9月29日发射的"礼炮"6号轨道站，总长增至14米，前后有两个对接舱口，可同时"接待"两艘宇宙飞船，使"客船"和"货船"同时靠"岸"。"联盟"号载来的是人，"进步"号则运来食品、燃料、水和氧气等。"礼炮"6号先后共"接待"了16艘"联盟"号载人飞船和12艘"进步"号无人货船，使16批33名宇航员先后进入轨道站内工作，累计工作时间达676天，完成了120多项科学实验，拍摄了1万多张照片。"礼炮"6号在太空工作了4年又10个月后，于1982年7月29日再入大气层时烧毁。

苏联航天事业的总途径是建立载有宇航员的"长时间轨道联合体"。这种轨道联合体是多舱室的，除几个基础舱室外，还有一些专业化的活动组合舱。一个组合舱就是一艘飞船，也是一个实验室或生产车间，专业人员可以在里面从事专项研究和生产。它们可以单独飞行或随时返航，也可以和轨道站联合飞行以获取燃料、原料或生活必需品等。

于是，新一代的轨道科学站应运而生。1986年2月20日，苏联"和平"号轨道站飞上太空，取代"礼炮"7号的工作。"和平"号是轨道科学站的基础部分，是一个容积很大的无人驾驶飞船，有生命保障系统、动力装置，能在太空独立完成任务。它有6个对接过渡舱，可以和6个飞船进行对接，形成一个组合轨道站。这个组合轨道站上可以容纳6～10名工作人员。"和平"号集中了许多先进设备，几乎使轨道站的飞行控制过程全部自动化，它的动力设备的功率比"礼炮"7号增加了一倍，跟地面的通讯条件也大大改善。

1986年3月13日，苏联"联盟"T15号飞船发射升空。两天后，"联盟"T15号与"和平"号成功对接，宇航员列昂尼德·基齐姆和弗拉基米尔·索洛维约夫启封"和平"号轨道站，成为这新一代空间轨道站的第一批工作人员。他们在"和平"号上工作了一个多月后，开始进行人类历史上的第一次太空转移飞行，即从"和平"号转移飞行到仍在太空飞行的"礼炮"7号上。

5月5日，"联盟"T15号载着基齐姆和索洛维约夫离开"和平"号，先作了两次远距离机动，把与"礼炮"7号的距离缩短到12千米。"联盟"T15号上的电子计算机自动校正飞船航向，使之对准"礼炮"7号的预测位置，经宇航员修正航向后，转入自动停靠状态，逐渐接近"礼炮"7号。当两者相距2.2千米时，改由宇航员手动操纵飞船停靠，直至对接顺利完成。

对接后，基齐姆和索洛维约夫把维修设备卸到"礼炮"7号上，检查并装修"礼炮"7号和"宇宙"1686号轨道复合体各系统，然后继续因宇航员瓦休京患病而中断了4个月的科学实验，并进行了两次长时间的舱外作业。在完成预定的工作后，基齐姆和索洛维约夫关闭了"礼炮"7号和"宇宙"1686号复合体的站上系统，换乘"联盟"T15号飞船返回"和平"号轨道站，完成了太空转移飞行。他们按计划在"和平"号上进行了一系列科学实验后，于7月26日安全回到地球的怀抱。至此，他们在太空居留了135天。

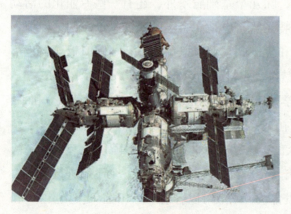

"和平"号轨道站

"和平"号轨道站的

飞 行

成功，奠定了研制永久性载人轨道科技城的基础，使人类在飞向太空的历程中又前进了一大步。

"哥伦比亚"初试锋芒

黎明前的黑暗笼罩着肯尼迪航天港。矗立在39—A号发射台上的"哥伦比亚"号航天飞机，在4束探照灯的强光照射下，轮廓清晰地巍然耸立着。

天渐渐亮了。大西洋的海风轻轻吹来，路边的棕榈树沙沙作响。佛罗里达州卡纳维拉尔角沿海几千米的地方，汇集了来自美国和世界各地的大约上百万参观者，熙熙攘攘，热闹非凡。

"哥伦比亚"号的驾驶舱里，两名宇航员正在仔细地检查着仪表，他们是机长约翰·扬和宇航员罗伯特·克里平。对机长约翰·扬来说，这将是他的第5次太空飞行，而克里平则是第一次参加宇航。

"有了你们，我们无比骄傲……"发射主任乔治·佩奇用洪亮的声音读着里根总统给宇航员的贺信。此时，佩奇的心中感到无比喜悦，脸上浮现出满意的笑容。历经艰难的"哥伦比亚"号终于站在了起飞线上。

"我相信这将是一次成功的飞行。祝你们一路顺风！"

预定起飞的时刻是当地时间7点整。这一时刻马上要到了。麦克风里传来响亮的倒计时声，"十……九……八……七……"成千上万双眼睛都紧盯着发射台上闪闪发光的航天飞机。突然，"哥伦比亚"号的尾部冒出了一团烟云，接着烟云迅速扩大并传来闷雷般的隆隆声。为了安全起见，3台主发动机间隔点火，一旦发现什么故障，可趁航天飞机尚未离开地面时，紧急关车。如果3台主发动机工作正常，则点燃推力巨大的两个固体助推火箭，航天飞机就可立即升空。

起飞后50秒，航天飞机进入空气阻力最大的区域。这时，航天飞机所受的气压达到最大值，如果在这压力下航天飞机发生变形或遭到破坏，则

■ 图与文

刹那间,"哥伦比亚"号从发射塔上腾空而起,尾部喷射着长长的橘黄色火焰和白色的烟雾,直刺蓝天。"美国第一架航天飞机正在起飞,它已离开发射台。"实况播音员以激动的声音报告这一喜讯。

将前功尽弃。这一区域是起飞后遇到的第一道难关,只要闯过这道鬼门关,即使"哥伦比亚"号的速度超过音速也不怕。因为过了这个区域,大气变得稀薄,阻力也就降低。

航天飞机安全地越过最大阻力区。"节流阀全开!全速前进!"控制中心向宇航员发出指令。这时航天飞机从人们的视野中消失了。

两分钟后,航天飞机的速度达到每秒 1.4 千米,离开地面 50 千米。固体火箭助推器的任务至此全部完成,与航天飞机分离,随即向大西洋海域溅落下来。

助推器分离后,靠主发动机使航天飞机继续爬高。当爬升到 100 千米高空时,距离发射已将近 9 分钟,巨大的外挂燃料箱已囊中无物,自控系统使它与航天飞机分离,在降落中被烧毁。2 200 多吨重的航天飞机一下子减轻到 110 多吨,真是轻装上阵了。

航天飞机的两台小型轨道调整火箭发动机开始点火,"哥伦比亚"号进入低轨道。

"哥伦比亚"号入轨的消息传到地面,发射场周围一片沸腾,人群中爆发出久久的欢呼声。

进入绕地球轨道后,约翰·扬和克里平开始全面检查航天飞机的各个系统。第一项工作就是打开货舱门,用电视摄像机检查航天飞机。

克里平走到货舱控制台,轻轻地按了下按钮,货舱门立刻缓缓地打开了。

"货舱门已全打开,看来情况良好。"克里平向地面控制中心报告。

"好,知道了。不过,从电视上看,发动机罩上的防热瓦似乎出现异

常……"控制中心向宇航员呼叫。

"哎呀,好几处都有防热瓦脱落!右舷上缺三块大的和几块小的,左舷上已出现一个很大的四方形和几个三角形脱落区。"克里平惊叫起来。

控制中心的几十名工程师和有关人员立刻召开紧急会议,研究出现的意外情况。

"克里平,经过研究得出结论,这不影响返航。放心吧,继续工作。"

"好极了!"

工作进行得很顺利。过了一会儿,两名宇航员开始吃午餐。饭后,扬和克里平检查了舱内情况,一切正常,然后脱掉太空服换上舱内工作服,用电视摄像机向地面传送了舱内的情况。对于那些前辈宇航员们来说,眼前如此宽绰而舒适的舱内环境确实令人羡慕。

晚上7时,两名宇航员开始睡觉。本来,"哥伦比亚"号上备有卧室,可是为了防备万一,这一夜他们就睡在驾驶舱里。预定睡眠时间是8个小时。舱内温度在15℃~20℃之间,可是后来温度逐渐下降。8小时后,扬和克里平醒来时,温度已下降到3℃左右。他们立刻打开温度调节系统,温度又恢复了正常。以后的航程使宇航员非常愉快,简直忘了时间。

返航前6小时,两名宇航员开始检查飞机的自动控制系统,并把飞机上的东西固定住。最后,关闭货舱门的工作开始了。如果货舱门关不严,那就很难想象宇航员能活着回到地球。扬和克里平,还有地面控制中心的人们都屏息静候着。

"关闭!完全锁住。"两名宇航员终于松了一口气。现在,可以认为这次首航任务已经基本结束。但是,对航天飞机来说,发射入轨难,安全返回更难。

以往"阿波罗"飞船穿过大气层后如一团火球直落大海,完全靠雷达跟踪和快艇救援。不然,沉入海底的危险时刻存在,不能不令人心惊胆战。而"哥伦比亚"号则不同,它像大型滑翔机,必须安全滑翔着陆在指定机场的跑道上。这一点,迄今为止还没有人尝试过,所以降落能否成功、安全程度多大,谁都心中无数。

离着陆时间还有 1 小时 30 分,"哥伦比亚"号正在绕地球做第 36 周飞行。

"轨道脱离发动机准备点火。"从地面控制中心传来指令。

离着陆时间还有 1 小时 27 分,"哥伦比亚"号飞行在亚森欣岛跟踪站上空。

"轨道脱离发动机点火。"

"明白,立即执行。"

约翰·扬按了机尾和机首姿控发动机点火按钮。准确地说,他不是按发动机的点火按钮,而是计算机的键盘。

"哥伦比亚"号立即旋转 180°,以机尾朝前、机腹朝地球的姿势继续飞行。两台轨道变换发动机逆喷射,使飞机速度急剧下降,开始重返大气层。

4 分钟后,约翰·扬把机头调整向前,并开动姿态控制发动机,使航天飞机能准确地以 40° 角俯冲进入 80 千米高空的稠密大气层。这时,机身同大气发生剧烈摩擦,产生超高温,银白色的"哥伦比亚"号顿时烧得发红。航天飞机四周的大气因高温而电离,使"哥伦比亚"号与地面的无线电通讯联络中断了 15 分钟。

当航天飞机下降到 50 千米高空时,它的飞行速度已降到每小时 1.08 万千米。这以后两分钟,在它离地面 37.8 千米时,时速降为 7 680 千米。

"得到的数据正常,外观良好。"是的,防热瓦又一次经受住了考验。

"哥伦比亚,刚通过海岸线。"从地面控制中心不断传来呼叫。

"如此前往加利福尼亚还是第一次。"克里平显得兴致勃勃。

着陆采用手动操纵。当航天飞机下降到离地面仅 34 千米处时,机长约翰·扬改用手动操纵,并做倾斜飞行。

"从倾斜飞行回复原位很完美,似乎觉得控制也很容易。"扬机长向地面报告。

"哥伦比亚"号越过海岸和山岭,向东方飞去。这时,远距离照相机捕捉到"哥伦比亚"号在阳光下发出的闪光。

是"哥伦比亚"!它终于出现在蔚蓝的莫哈维沙漠上空。

飞行

  1981年4月14日,爱德华空军基地上空万里无云,一丝风儿也没有。为了迎接"哥伦比亚"号的首航归来,这里早就做好了一切准备。约20万人兴致勃勃地聚集在酷热干燥的干湖床上,等待目睹这一激动人心的场面。

  上午9点30分,两架飞机起飞,准备护航。10点左右,两架直升机在着陆点上空巡逻。现场气氛使人感到着陆的时刻正在临近。10点20分钟左右,高空中接连传来两声巨响,那是飞机跨音速的一种特有现象。接着阳光照射下的一个白亮点出现在蓝天之中,越来越大。

  "在那儿!"人们不约而同地站起来喊道。"哥伦比亚"号的机形渐渐清晰了,人们开始欢呼起来,整个基地一片欢腾。

  高度2 700米。

  高度540米,离着陆35秒钟。

  扬机长猛力把机首向上提高。

  高度75米,航天飞机放下了起落架。

  几秒钟后,起落架的3个轮子在硬沙地上扬起了尘土。着地速度是普通客机的一倍多。

  "哥伦比亚"号在爱德华空军基地一落地,特别装备的车辆就飞驰到航天飞机旁边。身穿防护服的地面人员采取了一系列保护措施,清除了飞机周围的有毒气体,然后才打开舱盖。约翰·扬和克里平在航天飞机着陆一小时后,精神抖擞地走下舷梯。

  "哥伦比亚"号航天飞机首航的成功,标志着人类进入宇宙空间第二阶段的开始。利用航天飞机,人类可建立巨大的空间站,有可能实现空间工业化,开创空间的材料加工和空间工程,在绕地球轨道上建立、设置和维护

"哥伦比亚"号

巨大的工程结构。这将给人类带来不可估量的影响。

"挑战者"后来居上

"挑战者"号航天飞机的座舱分上下两层，每层可供4名乘员工作或休息。"挑战者"号机身外粘贴的防热瓦也做了改进，提高了耐高温的能力，增强了黏着力。

"挑战者"号的处女航曾因各种原因而被一再推迟，直到1983年4月4日才正式发射。那天下午当地时间1点30分，带着橘红色机外燃料箱的航天飞机以每小时2.8万千米的速度从卡纳维拉尔角升入太空，飞向280千米高的地球轨道。它的3台主发动机和两个助推火箭喷射熊熊火焰，发出强烈的震动波，久久地回荡在佛罗里达的上空。

"挑战者"号航天飞机的首航与"哥伦比亚"号的首航不同，它除了对自身飞行能力和机载设备进行试验外，还负有重要的使命。所承担的第一项任务就是进行太空"行走"，以检验新的太空服的性能，为将来宇航员在轨道回收或修复人造卫星积累经验。

起飞后3小时，"挑

■ 图与文

"挑战者"号是美国制造的第二架航天飞机，它在结构、材料和设备方面都在"哥伦比亚"号的基础上做了改进。它的尾翼、起落架舱门等改用轻型蜂窝材料，机外燃料箱和固体火箭助推器用的钢板也比较薄，并取消了一些支架结构，使总重量比"哥伦比亚"号航天飞机要轻4 500千克，这样它的运货能力就相对地增加了。

战者"号已进入绕地球的圆形轨道。47 岁的宇航员马斯格雷夫和 49 岁的彼得森先后走进密封舱与货舱之间的过渡舱,然后缓缓打开过渡的气闸门,进入货舱。货舱里很空,一根 18 米长的缆绳自货舱的一端通到另一端,他们把太空服上拴着的一根安全带的一端,系在缆绳上。这根安全带长 15 米,既可以保证他们在太空自由"行走",又可以避免他们"飘"离货舱。

马斯格雷夫和彼得森在失重、真空的货舱内穿着太空服来回走动,伸臂曲腿,飘浮游荡,并打开工具箱,取出各种特制工具,以检验穿着太空服是否灵活,是否能从事各种操作。因为今后修复丧失功能的卫星的工作就是在这样的环境下进行的。

根据预定的飞行计划,他们在货舱的活动时间是 3.5 小时,由于"行走"情况良好,地面控制中心决定延长太空活动时间,所以他们实际"行走"了 4 小时。在返回密封舱前,他们先在过渡舱里呼吸了 3.5 小时的纯氧,把血液里的氮气排出体外。

人类第一个实现太空"行走"的是苏联宇航员列昂诺夫,1965 年 3 月他在"上升"2 号飞船外只呆了 9 分钟。这次马斯格雷夫和彼得森能够自由"行走"4 小时,主要是得益于新的太空服。

这套太空服有 9 层,最外一层是坚韧柔软的白色尼龙织物。太空服在重要的关节和腰部都装有轴承关节,使宇航员在行动上有很大的自由度。太空服分为上身和裤子,上身与生命保障系统相连,并很容易穿脱和维修。过去的登月太空服穿脱要花好几个小时,而这套太空服的穿脱只需 20 分钟。另外,这套太空服上还安装有各种性能检测装置,随时检测太空服的性能和故障。

这次"挑战者"号首航的最主要任务是把一颗重 2.5 吨的美国宇航局的"跟踪和数据中继卫星"送入地球轨道。这颗卫星将承担地面、航天飞机以及在太空轨道运行的 26 个有效载荷卫星之间的通讯联络。

当"挑战者"号飞行到南大西洋上空时,卫星被弹射出货舱,进入了太空。遗憾的是,它没能按计划进入预定高度。后来,又花了近两个月的时间,经过 39 次点火推动,才把卫星送入预定轨道高度。

"挑战者"号航天飞机的再一个试验项目是把一批植物种子带入太空。这批种子共有46个品种，被分成4份，一份种在南卡罗来纳州的试验农场，一份种在卡纳维拉尔角，另两份13.3千克重的种子装在特别的罐内，带上太空。但它们的包装情况不同，其中之一装在简易的塑料袋里，让种子接触真空、温度变化和宇宙辐射，另一份种子放在密闭的容器里，以研究太空环境对植物生长的影响。

在这次航天飞行中，宇航员还进行了一次人工造雪试验。可是，由日本研制的这套"人工造雪装置"始终未能造出雪来。

1984年4月9日，在绕地球转了80圈，飞行了330万千米后，"挑战者"号完成了它的首次飞行任务，降落在爱德华空军基地。飞行试验证明，"挑战者"号航天飞机是美国性能最佳的航天飞机，所以在以后的一段时间里，"挑战者"号成为美国飞行次数最多的一架航天飞机。

1985年7月12日，经过检修后的"挑战者"号航天飞机第8次矗立在肯尼迪航天中心的39—B号发射台上。执行这次飞行任务的宇航员是机长富勒顿担，驾驶员布里奇斯。此外，还有5名乘客，他们是地球物理学家英格兰、医生马斯格雷夫、天文学家赫尼泽、天体物理学家巴托伊和阿克顿。由于"挑战者"号的前7次飞行都非常顺利，所以他们对完成这次飞行任务充满信心。

发射过程在电子计算机的控制下正常地进行着。发射前6秒钟，航天飞机的3台主发动机已全部点燃，喷射出通红的火焰，蒸气犹如翻腾的乌云，从飞机尾部滚滚而出。突然，"挑战者"号上的计算机系统发出警报，红色的信号灯闪闪发光。与此同时，计算机立即指令关闭发动机，发射失败了。飞行出师不利，宇航员们感到非常失望，但幸好没有酿成大祸，航天飞机和发射场也完好无损。

经过半个月的检测和修理，"挑战者"号航天飞机再次站在起飞线上。这次大家都格外小心谨慎，不让任何微小的事故隐患出现。可是，隐患还是出现了。在发射前的几小时，人们发现固体火箭助推器上的一个陀螺仪出了毛病。发射次推迟一小时。经过30分钟的抢修，排除了故障。"挑战

者"号发射升空。

一波刚平一波又起。在航天飞机起飞后 5 分 45 秒,三台主发动机中的一台温度传感器失灵,发出错误信号,使这台发动机提前 3 分钟熄火。这时"挑战者"号已飞离地面 112 千米,但尚未入轨。情况十分危急!如果不采取措施,"挑战者"号将不能进入轨道,甚至可能会坠入大西洋。

控制中心立即指令富勒顿担机长,采取应急措施,使航天飞机在只有两台主发动机推动的情况下继续飞行了 3 分钟。在飞行了 3 分钟后,又启动姿态控制发动机,将"挑战者"号调整到一条离地面 304 千米的低轨道。这个轨道虽然比原定轨道要低 80 多千米,但"挑战者"号总算化险为夷,能够执行飞行任务了。

"挑战者"号的第 8 次发射虽然几经艰险,可是它的太空飞行任务却完成得非常出色。

太阳物理学家阿克顿利用自动控制的 4 架太阳望远镜对太阳进行考察。观测获得意想不到的成果,阿克顿发现太阳的色球层比原来想象的要活跃得多,这个现象后来被命名为"阿克顿效应"。阿克顿还利用航天飞机上的一台紫外望远镜,观测到太阳黑子爆发,并向地面发回有关这次太阳爆发的详细图像。

天体物理学家巴托伊则利用一台 X 射线望远镜扫描遥远的星系群,提供了寻找"黑洞"的线索。他用一台红外望远镜探测了宇宙尘埃形成的漩涡云。这些观测都取得了大量的数据、照片和录像资料,有些成果要好多年以后才能知道。

宇航员还进行了太空失重条件下的植物生长试验。其中,燕麦籽在太空飞行中发了芽,第三天后麦苗长高了 5 厘米,4 株曾在地面生长 10 天的松树苗,在太空中继续生长,3 天内长高约 10 厘米,还有在太空栽种的绿豆苗长高了 2.5 厘米,这些实验对今后建立永久性空间站具有重要的意义。

"挑战者"号这次飞行的最后两项任务是在太空施放一颗装满仪器的小型卫星和发射电子束。宇航员在飞临太平洋上空时,启动了一架电子束发生器,从 280 千米的高空对地面发射出明亮的电子束。美国设在夏威夷的观测台记录到在电离层的气体和粒子场引起的强烈扰动。对于这项实验的目的,众说纷纭。宇航局说,是用来研究航天飞机周围等离子体的基本物理现象,但人们普遍认为这是"星球大战"计划试验的一项重要内容。

自 1981 年 4 月 12 日"哥伦比亚"号航天飞机试航以来,到 1986 年 1 月 12 日,在将近 5 年的时间里,美国的"哥伦比亚"号、"挑战者"号、"发现"号和"阿特兰蒂斯"号航天飞机相继发射升空。这期间,共有近 100 名宇航员分批进行了 24 次航天飞行,均获成功,共施放人造卫星 30 颗,回收卫星 3 颗,太空修理卫星 2 颗,携带空间站 1 个,完成了数百项有关生物学、医学、天文学、空间材料加工和航天技术等实验。

飞向月球的先锋

20 世纪 50 年代以来,人造卫星、宇宙飞船一个接一个地飞向太空,宇航技术的发展使得人类有可能造访离我们最近的星球——月球(月地距离 384 400 千米)了。围绕着谁将率先登上月球,美苏两国展开了一轮更加激烈的竞争。

1958 年 8 月 18 日,美国从肯尼迪航天中心向月球发射了第一枚火箭,上面装有摄像机镜头及其他探测设备,但升空后不久,第一级火箭就爆炸了,以失败结束。后来又发射了"先锋"系列火箭,这些仓促上阵的新手都因推力不足而中途返回地球。

与此同时,苏联也积极开展这一方面的研究。1959 年,苏联发射了"月球"一系列探测器中的第一个——"月球"1 号。它重 361.3 千克,上面装有当时最先进的探测、通讯设备,但在距月球 7 500 千米的地方一掠而过,没有进入月球引力场,成为第一颗飞向宇宙深处的人造行星。

苏美两国月球探测计划的第一步是要使无人探测器直接降落月球，称为硬着陆，也就是探测器直接撞到月球表面。1959年9月14日，苏联发射的"月球"2号探测器终于击中了月球，它在两天的旅途中和地球频繁交换信息，接近目标后摄像机还拍摄了大量的月球照片，直到探测器的仪器舱撞上月球的岩石才中断联系。

■图与文

后来，"月球"3号探测器在月球背面拍了大量照片，使人们第一次看到了月球神秘的另一面（由于月球自转和公转相同，所以我们在地球上始终只能看到月球的一面），苏联科学家根据发回的资料，整理了世界上第一张月球背面图。

美国人毫不气馁，推出了"徘徊者计划"。该计划由加利福尼亚工科大学的喷气推进研究所负责，旨在研究用"徘徊者"探测器拍摄月球的特写镜头，并将月震仪送到月面。但时运不佳，从1961年开始发射"徘徊者号"，到1964年发射的"徘徊者"6号都没有成功，它们不是没命中月球，就是没发回照片。1964年7月28日，"徘徊者"7号探测器终于获得了成功，它在撞击月表面17分钟前打开了摄像系统，拍下了历史上第一批月面特写镜头。月面上直径不到1米的坑穴和只有30厘米大小的岩石清楚地展现在电视屏幕上。后来，"徘徊者"不断光临月球，所拍的照片多达万幅以上，其清晰度要比地球上最好的天文望远镜强2 000倍以上。

20世纪50年代末60年代初，在航天技术方面，美国几乎落后苏联5年。正当美国人为"徘徊者计划"的成功而兴高采烈时，苏联又推出了月面软着陆计划，即在着陆前启动探测器上的逆喷火箭，使探测器缓慢着陆，不像硬着陆那样直接撞击在月球表面上。软着陆后的探测器可以继续向地球发回月球资料。

科学第一视野 KEXUE DIYI SHIYE

苏联"月球"9号探测器

1966年2月，苏联的软着陆探测器"月球"9号取得成功。它长途旅行79小时后到达月球，在距月表75千米上空启动逆喷火箭，探测器的着陆部分分离出来，一个巨大的气球自动充气，将着陆体裹在里面，起到了极好的保护作用。着陆后，仪器舱的仪器完好无损，源源不断地向地球发回照片。这是第一台人造仪器在月球上正常工作，人们通过它了解了一个荒凉的世界。"月球"9号还发回月球上辐射的记录，科学家分析后得出结论：这些辐射线对于短时间停留的宇航员的身体没有危害。

1968年，苏联发射了第三代月球探测器。它们除具有前述的功能外，还可以收集月球尘土、岩石，然后返回地球。这时美国已经着手阿波罗计划了。苏联发射的"月球"15号探测器于1969年7月21日到达月球，它的任务是取回岩石，但没有成功。在同一天，美国宇航员阿姆斯特朗登上了月球。不久，"月球"16号探测器成功地实现了月面岩石无人采集，它使用一个钻

宇航员阿姆斯特朗

头，采集了大约 100 克岩石，然后飞离月球成功地降落在苏联境内，这已是 1970 年 9 月的事了。

同年 11 月，苏联发射的"月球"17 号探测器将月球车一号送上月表面。它有 8 个轮子，车长约 2 米多，宽 1.6 米，重约 756 千克，靠太阳能供电，月球车的"眼睛"是一台电视摄像机，地面控制人员靠它摄下的画面指挥月球车开动。月球车在月球上工作了 11 个月，调查了 80 000 平方米的地区，拍了 20 000 多张照片，还对 25 个地区做了月面土壤化学分析。科学家们认为，月球表面是一些松软的矿土和岩石，不像有些人说的那样满是火山尘埃。

"月球"探测器帮助科学家弄清了月球的构造、环境和气候情况，为人类最终登上月球做出了贡献。

欲上九天揽明月

1961 年 5 月 25 日，美国政府郑重宣布，将在 60 年代末把人送上月球并平安返回。人类将要揭开月亮女神的神秘面纱，一睹她秀丽的风采了。

美国决心在 10 年之内把宇航员送到月球上去，这是为了改变空间竞争中处于劣势的地位。从 1957 年苏联发射第一颗人造卫星以后，苏联在载人飞船、月球无人探测方面都领先于美国，肯尼迪总统对这种现状极为不满，于是推出阿波罗登月计划，以期赶上苏联。举世瞩目的阿波罗计划耗资 230 亿美元，20 000 家工厂 42 万人，1 200 名专家、学者参与了这一庞大的工程。

"土星"5 号运载火箭总长 85 米，竖立起来有 30 层楼那么高，如果把阿波罗飞船装在它的顶端则有 110 米高了。它由三级组成，起飞时重 3 000 吨左右。第一级叫做"S—1C"，高 42 米，直径 10 米，里面装有 2 075 吨推进剂，只需要 2 分半钟就可以全燃烧完，产生的高温气体以 2 900 米 / 秒速度喷射。它与这一级的 5 台发动机同时工作，产生 3 500 吨

■ 图与文

"土星"5号火箭是阿波罗登月飞行中的关键角色,也是迄今为止世界上最大的火箭,冯·布劳恩把火箭技术发展到完美的地步,直到今天也没有一个国家的运载火箭超过它。

的推力。第二级代号为"S—Z",直径也是10米,只装有450吨液氢、液氧高能推进剂,先进的氢氧发动机效率极高。这一级开始工作是在第一级脱离之后,这时的火箭已经轻了2 200吨,可谓轻装上阵。第三级火箭代号为"S—4B",直径为6.6米,内有一台氢氧发动机,106吨重的高能推进剂能产生100吨的推力,足以把阿波罗飞船推入奔月轨道。"土星"5号的出现为美国在太空竞争中争得了荣誉。这时,美国的运载火箭技术已经领先于苏联了。

阿波罗飞船由3部分组成:指令舱、服务舱和登月舱。指令舱是圆锥形结构,高3.23米,底直径3.1米,发射时重约5.9吨。这里可容纳3名宇航员,是整个飞行器的心脏,里面有机械室和乘员室,机械室是飞船的动力部分,乘员室的生活设施齐全;指令舱中有两扇观察窗,可以让宇航员观察外界,还有供宇航员操纵飞船对接分离的会接窗。由于指令舱最后要载着宇航员返回地面,所以它的防热系统性能很好。指令舱的外壳有内外两层,外层是由几层铜合金和不锈钢板制成的,在外层的表面还涂有一层厚厚的耐热材料,内层是钛合金板和铝合金板制成的,密封性能极好,舱内的空气不会外泄。服务舱是个动力舱,外形呈圆筒形,里面除储藏燃料电池以及火箭发动机的燃料外,还有供宇航员生活的氧气、食物、水等,这些储备足以供宇航员生活15天左右。

登月舱外形复杂,高约7米,直径4米多,它是到达月球的渡船,分为上升段和下降段。上升段中有维持宇航员生命的设备和电源、通讯设备、指挥雷达,以及姿态控制火箭;下降段是整个登月舱的动力系统,它

提供登月和离开月球的动力,也有一些月球探测设备。登月舱是个很娇的东西,为了保护它,航行开始时,在它外层覆有一层蒙皮起保护作用,但进入外层空间后就被甩掉了。

阿波罗飞船的顶部还有一个紧急脱险火箭,一旦"土星"5号火箭发生故障出现危险时,紧急脱离火箭会把飞船带到高空逃离险境。

当洛克韦尔公司还在制造登月舱时,美国宇航局就开始招募宇航员了。从1962年到1966年,总共招募了48名宇航员,他们都具有工程和科学学位,具有高超的飞行技术,身体符合标准。

"土星"5号火箭

宇航员怀特、格里索姆和查菲是登月的首选宇航员。1967年1月27日,他们3人在指令舱做模拟训练时,突然一声巨响,舱内失火了,大火吞没了狭小的指令舱。"快救救我们!"他们在密封性极好的舱内绝望地呼喊着。等地面人员赶到现场时,这3名宇航员已经牺牲了。这个过程仅仅3分钟,失火的原因是一个电火花将氧气点燃引起了爆炸。为此,美国把阿波罗登月计划推迟了一年,对飞船内部系统做了较大的变动。

一年之后,美国将宇航员希拉、坎宁海姆、艾西尔送入太空。他们乘"阿波罗"7号飞船环绕地球飞行,检查阿波罗飞船的变轨能力,共飞行了260小时零9分。飞行期间出现了50多起故障,弄得大家心惊胆战。

1968年12月21日,宇航员博尔曼、洛弗尔和安德斯乘"阿波罗"8号飞船做了首次月球之行。当时飞船只有指令舱和服务舱两部分,登月舱还没完成。飞行很顺利,发射55小时后,飞船进入了月球引力场,这时距离月球还有62 000千米,服务舱的火箭逆向喷射,使高速飞行的飞船渐渐慢了下来。发射第69小时后，飞船进入环月球轨道，开始环月飞行。这是历史上人类距月球最近的飞行。

3名宇航员在这一年圣诞节的前夕饱览了月球风光，他们第一次看到了直径为300千米的莫斯科海，但它里面一滴水也没有，是个巨大的环形山口；月球正中的哥白尼山在满月的夜里，向四方辐射许多美丽而光亮的条纹；第谷山的辐射纹连绵1 000多千米，放出五彩的光芒。这是地球上看不到的奇观，宇航员安德斯说："这充满幻想的旅行，犹如大海上的一叶轻舟，看到远离故土的另一面景象。"洛弗尔似乎对月球这个沉寂的世界有点失望，他说："月球几乎都是灰色的，月面的石块像烧石膏或浓灰色的矿石，环形山的棱角被削得圆圆的……""阿波罗"8号飞船在离月球100千米的轨道上飞行了10圈以后，顺利返回地球，结束了第一次月球探险。这次飞行共用了146小时59分。

1969年3月3日，"阿波罗9号"飞船发射成功。这次飞行的目的是试验刚刚完成的登月舱的技术状况，3名宇航员是麦克迪维特、斯科特和施韦卡特。当飞船进入环月轨道后，麦克迪维特和施韦卡特从指令舱出来，经过服务舱狭长的通道进入登月舱，然后登月舱和母船分离，单独飞行。麦克迪维特启动了姿态控制火箭和升降火箭，使登月舱在空间运动自如。按计划，施韦卡特应当穿上新宇宙服从登月舱进入太空再过渡到指令舱的，不巧他呕吐了，最后只得取消了这个计划，让登月舱和母船对接而结束这次飞行。尽管这次飞行没出现大的问题，大部分试验都成功了，但150处故障和误差使人们担扰。于是，宇航局官员又安排了一次飞行。

"阿波罗"9号飞船发射不到3个月，"阿波罗"10号飞船进入太空，踏上了奔月的征途。专家称这次飞行为"登月总排练"，他们准备在环月轨道上，试验登月舱和母船的分离、对接，探测着陆地形。

1969年5月18日，"阿波罗"10号飞船发射成功，75小时后进入环月球轨道。宇航员是约翰·扬、塞尔南和斯塔福德，其中约翰·扬是第三次进入太空。他们在环月轨道上实现了登月舱和母船分离，塞尔南和斯塔福德驾驶着登月舱从距月面100千米的高空降到离月面仅有14.3千米的低

空飞行，向地球转播了 29 分钟的彩色电视，让地球上的同胞第一次这么清晰地领略月球风光：月球南极附近的克拉维环形山有 230 千米长，几乎可以装进 3 个瑞士，小的环形山更是不计其数。5 000 多米高的莱布尼兹山纵横几百千米，灰濛濛的奇山异石险峻隽永……正当大家津津有味地欣赏这一切时，突然一声爆炸，登月舱下半截被抛开了，上半截在空中剧烈旋转，上下摇摆。斯塔福德认为自动驾驶仪出了问题，连忙改为手控操纵，登月舱才渐渐稳定下来。后来，登月舱收集了一些月球资料，与呆在离月面 100 千米的母船成功对接，5 月 26 日平安返回地球。在南太平洋巡逻的"普林斯顿"号航空母舰营救了他们。

这次环月飞行令宇航局专家们大为兴奋，认为宇航员登上月球已经没什么障碍了。

约翰·扬

我们为和平而来

1969 年 7 月 16 日，美国佛罗里达州肯尼迪航天中心周围几十平方千米聚集着数十万游客，他们有的拿着望远镜，看着万里无云的蓝天，有的在松软的沙滩上写下了"Good Lucky"（幸运）的英文字母。人声鼎沸，气氛热烈，大家在等待"阿波罗"11 号登月飞船发射这一历史性时刻的到来。

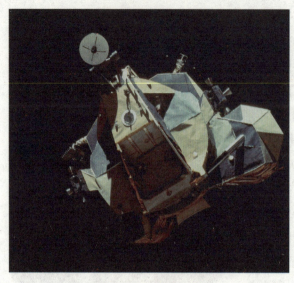

阿波罗号飞船登月舱

在肯尼迪航天中心39号发射台上,"土星"5号火箭巍然挺立,远远望去像一座通天铁塔。一辆高级轿车在武装人员白色摩托的护送下,到达发射台,3名宇航员神采飞扬地走了下来,他们是阿姆斯特朗、奥尔德林和柯林斯。他们将乘"阿波罗"11号飞船前往月球,实现人类多年的梦想。

美国东部时间9时23分,3 000多吨重的庞然大物——"土星"5号运载火箭,载着"阿波罗"11号飞船缓缓升空了。2分钟后,速度增大到3.13千米/秒,很快就到达了环地球轨道。飞船在这300千米高的轨道上飞行了3个小时,宇航员们对飞船的运行状况做了一次全面检查,然后改变轨道进入奔月轨道。一帆风顺,阿姆斯特朗驾驶着飞船以每小时3 800千米的速度飞速奔向月球。5小时后,耗尽燃料的末级火箭脱离飞船,登月舱的保护蒙皮也一起被抛进了宇宙空间。指令舱开始转体180°和登月舱对接。原来,发射时为了防止"土星"5号火箭出事,载有3名宇航员的指令舱被放在最上面,因为这个位置最安全,一枚小型紧急脱险火箭可以把指令舱带到上空脱离险境。在指令长阿姆斯特朗熟练的操纵下,登月舱和母船对接成功,登月舱改放在母船的前端。登月舱被命名为"鹰",而母船被命名为"哥伦比亚号"。在黑暗的夜空,飞船显得特别明亮,宛如一颗小行星。

发射后第3天中午12时,飞船上的宇航员似乎感到一点月球的引力。由于离开环地球轨道后,宇航员完全处了失重状态,长时间在空中飘荡,

飞 行

感觉不太舒服，这时在月球的微弱引力作用下感觉舒服多了。阿姆斯特朗和奥尔德林通过服务舱狭长的通道，爬到登月舱作登月准备。这时飞船刚好绕到月球的背面，和地球的通讯中断了，休斯敦宇航中心的官员暗暗地祈祷飞船切莫出问题，半个小时终于过去了，无线电传来宇航员们轻快的交谈声，阿姆斯特朗愉快地说："地球光比月光亮多了，简直太妙了。"死一般寂静的休斯敦宇航中心这才恢复了正常气氛。

在地面控制中心的指示下，"阿波罗"11号飞船进入等待轨道，离月球大约100千米。阿姆斯特朗和奥尔德林已经穿好了宇宙服，乘"鹰"和"哥伦比亚号"分离，慢慢地下降，向月球飞去。柯林斯则驾驶"哥伦比亚号"孤独地在月球轨道上等待"鹰"的归来。

"鹰"不停地下降，从14 000米上空降到离月面只有150米时，阿姆斯特朗忽然发现下方是一片巨石林立的地段，急忙指挥奥尔德林继续向前飞找一块平坦的地方着陆。这时，自动系动已经没用了，全凭宇航员熟练的驾驶技术飞行。奥尔德林是位经验丰富的飞行员，曾驾驶"双子星座"12号做环地球飞行，并操纵飞船和一个目标卫星对接获得成功；阿姆斯特朗也曾是"双子星座"飞船的驾驶员。"鹰"在月面上空翱翔，终于在一片乱石后面找到了一块砂地，于美国东部时间下午4时17分40秒顺利降落，位置在"静海"的西南部。

他沿着登月舱走了一圈，仔细检查了登月舱4条娇嫩的腿，结果完好无损，如果任何一条腿折了，那他们两人就永远回不了地球。奥尔德林也跟着走出登月舱，打开摄影机摄下了这里的景象，这是一个荒凉而冷寂的灰色世界，一个没有生命的世界，没有一丝绿色，他们每走一步都掀起一片褐色的沙土。远处无数高山挺立，天边的地球映衬在群山之间，构成一幅美妙的图画。休斯敦宇航中心的官员指示他们赶紧收集月球岩石，怕他们遇到什么危险情况时慌乱之中而忘记了这件事，他们俩像袋鼠一样向前一跳一跳，这大概是在引力只有地球1/6的月球上行走的最好办法了。奥尔德林托着一个袋子收集满各种月球岩石后先放回登月舱，接着举行了一个庄严肃穆的仪式，他们将一块特制的金属牌竖立在月面上，

科学 第一视野 | KEXUE DIYI SHIYE

■ 图与文

按规定，宇航员们应该在登月舱就餐，然后睡一觉，才能出舱活动，可他们俩准备了6个小时，再也等不及了。阿姆斯特朗率先走出了登月舱，穿着舱外宇宙服艰难地走下阶梯，在月球上留下了人类的第一个足迹。

举起右手默默地念着一行字："公元1969年7月，来自行星地球上的人类首次登上月球，我们为和平而来。"

在这块金属牌下面放置了5个宇航员的金质像章，他们是苏联宇航员尤里·加加林、科马罗夫；美国宇航员格里索姆、怀特和查菲。他们为人类开发宇宙事业献出了自己的生命。

阿姆斯特朗和奥尔德林还在月球上安装了一些仪器，如月震仪、激光反射器等等，这些仪器利用太阳能继续收集月球资料，发回地球供科学家们研究。

2个半小时的月面探险活动很快结束了，阿姆斯特朗和奥尔德林驾驶着"鹰"依依不舍地离开了这个世界，然后在太空中与"哥伦比亚号"对接，安全返回了地球。在海上参加营救的9 000人乘9艘船和50多架飞机早已等候在太平洋中部，最后，海军的直升机从海水中吊起了指令舱。3名宇航员在航空母舰的隔离室里与外界隔离了12个昼夜，因为科学家害怕他们带有月球病菌。后来，带回的22千克月面物质上没有发现任何微生物，宇航员们才得以同家人团聚。

阿姆斯特朗在踏上月球时说的一句话成为至理名言——对于一个人来说，这是一小步；可对于人类来说，却是一次飞跃。

向同步轨道

"东方红"1号卫星和"长征"1号运载火箭的发射成功，揭开了中国航天事业的序幕。

1971年3月3日，中国用"长征"1号火箭发射了第一颗科学实验卫星"实践"1号。这颗卫星重221千克，为直径约1米的72面球形多面体。在卫星壳体表面装有太阳能电池板，用它和蓄电池作电源，能使卫星上的仪器长期工作，向地面发送各种科学数据。

继"长征"1号火箭之后，中国又研制了"长征"2号运载火箭。这是为发射低轨道的重型卫星而研制的两级液体推进剂火箭，它能把1.8吨重的卫星送入数百千米高的椭圆轨道。

1975年11月26日，"长征"2号运载火箭首次发射成功，把中国第一颗返回式遥感卫星送入轨道。返回式卫星能按照人们的指令，使部分星体准确地返回地面。

"长征"1号和"长征"2号火箭都是采用常规燃料作推进剂，因此推力受到一定的限制。若要将同步通信卫星送入地球静止轨道，就必须要有一种强大推力的火箭作为运载工具。

美国早在20世纪50年代就开始了这种大型运载火箭的研制，在1963年将人类第一颗同步通信卫星送入了地球的静止轨道。

从1963年开始，西欧7个国家联合起来研制大型火箭"欧罗巴"1号，结果历时10年，耗资8亿美元，终未成功。从1973年起，西欧11个国家又联合起来组建欧洲空间局，开始研制"阿丽亚娜"火箭，历时7年，又耗资8亿美元，终于获得了成功。

中国从1974年开始研制能发射同步通信卫星的"长征"3号运载火箭。这是一种多用途的大型运载火箭。一、二级以远程液体火箭为原型进行修改设计，第三级采用世界上最先进的低温燃料发动机——氢氧发动机。它可将 1.4 吨重的通信卫星送入远地点为 3.6 万千米的地球静止轨道。

目前，能掌握氢氧发动机技术的，除了美国、俄罗斯、法国外，便是中国，而能解决氢氧发动机在高空失重条件下进行二次点火技术的，则只有美国和中国。

因此，火箭氢氧发动机，被公认为世界航天领域的尖端技术。为了攻克这一尖端技术，中国的火箭专家们经历 100 多次失败的考验。1978 年，当氢氧发动机首次进行试车时，由于有人违章操作，发生了爆炸起火事故，当场造成 10 人受伤。于是，有人提出了反对意见，也有人建议到美国的公司去购买一些部件。但是，"长征" 3 号的设计者们坚定地回答："就是掉脑袋，也要继续试验！"

电钮按动了。发动机轰隆隆地响着，喷出强大的火焰，1 秒、2 秒、10 秒、50 秒……好，成功了！

突然，出现了漏火！赶快停机！就这样，一次又一次，漏火问题终于被克服了。

就在"长征" 3 号的设计者们取得节节胜利的时候，一支从茫茫戈壁开来的队伍，却已在四川西昌市以北约 65 千米处的一条大山沟里默默地奋斗了多年：他们在这古老而神秘的峡谷里生活着、创造着，用青春和热血筑起了一座举世瞩目的航天城——西昌卫星发射中心。

同步通信卫星的发射基地之所以选择在西昌，是由于这里纬度较低，

西昌卫星发射中心

离赤道较近,有利于把同步卫星送入赤道上空的静止轨道。其次,这里的"发射窗口"较大。另外,这里地处大凉山腹地,海拔都在1 500米以上,人迹罕至,便于保密,而交通也还算方便。

"30分钟准备!"

"15分钟准备!"

5分钟,1分钟……

绿色的闪光数码在一秒一秒地递减。

0003、0002、0001、0000。

■ 图与文

1984年4月8日,经过10年的艰苦奋斗,新研制的"长征"3号大型运载火箭载着一颗试验通信卫星终于矗立在西昌卫星发射中心的发射台上。一个中国航天史上值得纪念的时刻到来了。

计算机自动点火,组合显示屏亮起一片红灯。

"轰!"在火光与轰鸣声中:"长征"3号火箭像一条巨龙腾空而起,上升、上升,告别了大地,直驰天外……

"一级火箭脱落!"

"二级火箭脱落!"

"三级火箭脱落!星箭分离!"

西安卫星测控中心和北京指挥中心的大厅里响起了一片掌声和欢呼声。

几天后,卫星由椭圆轨道进入圆形轨道,并向东经125的定点位置飘移……

8天后,经过卫星的姿态调整和飘移,中国第一颗试验通信卫星定点在预定的赤道上空。它像一颗夜明珠,高悬在太平洋上空。此后,"长征"3号火箭又发射了4颗实用通信卫星,都取得了成功。

"长征"3号运载火箭和同步通信卫星的发射成功,标志着中国的运载火箭技术已经跨入世界先进行列。1985年10月,中国宣布将"长征"2

长征三号运载火箭

号和"长征"3号运载火箭投入国际市场,承揽国外用户发射卫星业务,并成立了中国长城工业公司。从此,中国的航天事业开始大步地走向世界。

在将近5年的时间里,中国长城工业公司的有关人员接触了30多个国家和地区的100多家公司,大大小小50多颗卫星的拥有者,终于叩开了国际卫星发射市场的大门。

1987年8月,为法国马特拉公司提供了搭载服务;1987年11月,与瑞典空间公司签订了卫星发射合同;1988年8月,为原西德宇航公司提供了搭载服务;

1988年,与美国休斯公司洽谈发射美制澳大利亚卫星;1989年1月,与香港的亚洲卫星公司在人民大会堂正式签署了用"长城"3号火箭发射"亚溯"1号卫星的合同。这是用中国的火箭发射西方制造的最先进的通信卫星。于是,全世界的目光,又一次盯住了中国。

太空中的华人

王赣骏,1942年生于江西南昌,童年时代是在上海度过的。从那时起,他就显示出聪明和才华,他父母给他买的飞机、汽车玩具一到他手上就拆成一堆零件,不过几天后又重新组装起来,勤动手、勤动脑是他从小养成

飞行

的习惯。后来,他随父母移居香港、台湾等地,上中学后王赣骏对物理产生浓厚的兴趣,立志长大后从事物理研究工作。1963年,他以优异的成绩考入美国加州大学洛杉矶分校物理系,学习刻苦勤奋,成绩优异,1971年获得物理博士学位,1972年进入美国尖端科技研究机构——美国太空总署喷气推进研究室,成为卓有成就的实验物理学家。

随着航天飞机的飞行成功,在美国、在全世界

■ 图与文

1985年4月29日,对于美籍华人王赣骏来说是个极不平凡的日子,当他穿上乳白色的宇宙服走进"挑战者号"航天飞机时,仿佛觉得身后有亿万双眼睛看着他,在他谦和而自信的笑容中还有一层意思,那就是他是第一个进入太空的华人,第一个体验这个富于幻想民族的梦。航天飞机在一片震耳的轰鸣声中摆脱地球引力的束缚,进入万籁俱寂的太空。

有成千上万的科学家都想搭乘航天飞机到太空去做实验。1982年,美国宇航局终于开始在科学家中招募有效载荷专家到太空执行技术性较强的任务。这消息一经传出,几万名科学家踊跃报名,王赣骏怀着忐忑不安的心情走进这几万名的应试者队伍中,结果王赣骏和另一名美国科学家幸运地当选为宇航员。

从1984年6月起,他开始接受宇航员训练,准备乘"挑战者号"航天飞机执行51B任务,在太空微重力条件下做流体力学实验,这对今后在太空制造新型材料有重大意义,所以他的实验引人瞩目。

也许运气不好,当"挑战者号"航天飞机环地球第二圈时,他遇到了意想不到的麻烦:实验设备故障。实验做不成了,他心急如焚,在太空做实验是难得的机会,通常一个实验在地面上要做成百上千次,做大量的准备工作,可这下到他手上却失败了,他想日后人家会怎么去看呢?他们只

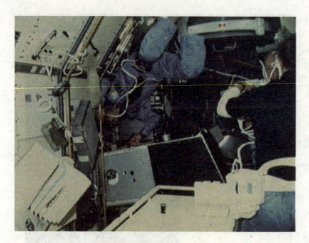

王赣骏在太空中进行实验

会知道第一个中国人上天做实验就失败了,这太丢中国人的脸了。一定要修好!他抓紧时间一方面请教地面的专家,一方面亲自检查线路,他一头钻进仪器舱,检查一个个焊点、接头,测量一个个数据,整整花了两天半时间才排除故障。一同飞行的伙伴们开玩笑说:"两天来我只见到你的双脚!"后来,他顺利地进行了实验,取得重大的科研成果。他作为第一个进入太空的华人为中国人争了光,没有辜负人们对他寄予的厚望。

7天的太空飞行时间是短暂的,宇航员们都忙于各自的工作,到第6天他们才开始轻松起来。窗外地球景色很美,大地蓝白相间,大气层上泛着幽蓝的光芒,远远望去地球像一只精致的玻璃水晶球,航天飞机就在这梦幻般的景色上空快速移动。他们不禁升起一种责任感,人类千百年来的征战把地球美丽的风光糟蹋了,王赣骏和同伴们讨论起这样一个问题。如果让世界各国的首脑乘坐航天飞机来太空旅行,让他们看看我们居住的星球,看看这梦幻般的景色,告诫他们热爱和平,消灭战争,保护这美丽的星球。

王赣骏早在飞行之前就把每天经过中国的时刻抄在本子上,他很想看看这个曾经抚育他成长的土地。尽管当时留给他的只是战争的恐惧,但35年来他日夜思念的故乡仍是那样美好。这天航天飞机一进入广西上空,他就开始在舱内跑起来,经过祖国领空只有短短的7分钟,他轻轻地对自己说:"祖国,我来了!短短的7分钟我走遍大江南北,温暖了这个海外赤子的心。"他还给幼年生活过的上海拍了许多照片。

第7天,他们要返航回家了。王赣骏早上一起来便在浴室做了一次大清洗,刷牙、洗澡、梳头,把自己打扮一番。早饭后,一个意外的情况使

大家紧张极了。航天飞机在太空飞行时，舱顶有两个闸门始终是打开的，舱内产生的热量都通过这个开放部位辐射到空间去，返回地球时这两个闸门一定要紧紧关闭。指令长发出关闭第一个闸门的指令后，指示灯没有熄灭，这意味着第一个闸门没有关上。几名宇航员惊呆了，大家谁也不说话了，如果这个闸门关不上，航天飞机重返大气层后整体温度达 2 000 ℃以上，里面的人根本不可能活命。指令长毕竟是个经验丰富的宇航员，经过分析后他认为也许只是指示灯的问题，闸门可能已经关上。接着他果断启动第 2 个闸门，结果令人欣慰的是两个指示灯同时熄灭，说明指示灯出了点小乱子。经过这个太空小插曲后，航天飞机很快进入大气层，安全着陆在爱德华空军基地。

机场上数以万计的人前来迎接，向他们献花，王赣骏作为第一名太空华人更受到人们的钦佩，不少热情的男女向他献花，请他签名留念。在这些人中，有一名华人职业宇航员张福栋博士，他是全美国 80 名职业宇航员中唯一的美籍华人，来自哥斯达黎加。他从小就有航天理想，中学时与几位同学组织了一个航天小组并制造了一个模拟航天驾驶舱。中学毕业后，他来到美国求学，终于成为一名职业宇航员，张福栋博士望着自己的同胞从太空凯旋，心里非常高兴，总有一天，他会同更多的华人宇航员去太空飞翔，实现自己的理想。

1986 年，王赣骏博士及其他美籍华人科学家回国访问。他把一面曾带入太空的中华人民共和国国旗赠给了我国的领导人，表达了海外华人的一片赤子之心。在访问期间，他参观了我国的航天设施，为我国拥有先进的航天技术而自豪，他积极推动我国青少年航天飞机实验活动，为我国青少年的成长做出了贡献。

空天飞机

空天飞机是航空航天飞机的简称，它既可航空（在大气里飞行）又可

科学第一视野 | KEXUE DIYI SHIYE

航天（在太空中飞行），是航空技术与航天技术高度结合的飞行器，将把空间开发推向一个新的阶段。

空天飞机能自由往返于天地之间，凡是航天飞机能做的事，它几乎都能胜任。它可以把大的卫星送入地球轨道，一次投放多颗卫星更是它的拿手活儿；它能对在轨道上运行的卫星进行维修或回收，当然也可以对敌国的卫星实施破坏，甚至收为己有；它能向空间站运送或接回宇航员和各种物资；更重要的是它还能执行各种诸如拦截、侦察和轰炸等军事任务，成为颇具威力的空天兵器。

空天飞机飞行速度很快，便于实现全球范围内的快速客运，地球上任何两个城市间的飞行时间都用不了两个小时。美国设计的一种空天飞机，乘客305人，可在32千米高度和1.2万千米航程内巡航，其巡航速度高达5马赫。尽管航天飞机比起一次使用的运载火箭前进了一大步，但仍有诸如故障频繁、费用昂贵等许多不足。而空天飞机与航天飞机不同，它的地面设施简单，维护使用方便，操作费用低，在普通的大型机场上就能水平起飞和降落，具有一般航线班机的飞行频率。这种飞机的外型与大型客机相似，更多地具有飞机的优点。它以液氢为燃料，在大气层飞行时，充分利用大气中的氧气。加之它可以上百次的重复使用，真正实现了高效能和低费用的优点。据估算，用它发射近地卫星费用只有航天飞机的1/5，而发射地球同步卫星费用则可减少一半。这使空天飞机在即将到来的空间商务竞争

■ 图与文

空天飞机是一种未来的飞机，这种飞机能像普通飞机一样水平起飞，以每小时1.6万～3万千米的速度在大气层内飞行，而且可以直接加速进入地球轨道，成为航天飞机；返回大气层后，又能像飞机一样在机场着陆，成为自由地往返于天地之间的运输工具，人们称它为空天飞机。

中立于不败之地。

随着航天活动规模的扩大，估计在 21 世纪，仅美国送入轨道的总重量达 9 万吨，因此每年的运输量将猛增到数万吨。但是，目前最先进的航天运输工具——美国现在的航天飞机，运送每千克有效载荷进入地球轨道的费用达 11 607 美元（1986 年的美元值），因此大幅度降低航天运输费用，已成为开展大规模航天活动的关键问题之一。据目前估计，空天飞机的运输费用至少可降到目前航天飞机的 1/10，甚至可降到 1%。

此外，用空天飞机发射、维修和回收卫星，不需要规模庞大、设备复杂的航天发射场和长达一两个月的发射前准备，也不受发射窗口的限制。它完成一次飞行任务后，经一周的维护就能再次起飞，能适应频繁发射的需要，它的投入使用，将使人类可以方便地进入空间，"登天"就不再成为难事了。

提高飞机的飞行速度一直是航空界努力的目标。从 20 世纪 50 年代起，美国就开始探索和研究高超音速飞行，几十年来时起时落，一直没有取得重大突破。空天飞机的研制将带来航空技术的新飞跃，将使航空技术从超音速飞行跃入高超音速飞行的时代，无疑将会进一步推动航空工业的发展。空天飞机作为一种高超音速运输机，具有推进效率高、耗油低、载客（货）量大、飞行时间短等优点，是实现全球范围空运的一种经济而有效的工具。

空天飞机还具有重要的军事价值，可作为战略轰炸机、战略侦察机和远程截击机使用，这对进一步发挥战略空军的作用具有重要意义。空天飞机最高时速 3 万千米，可在海拔 200 千米的绕地轨道

航天飞机

科学第一视野 KEXUE DIYI SHIYE

轰炸机

飞行。

美国正开发新型的航空航天飞机，在有人驾驶时，能在常规机场水平起飞和着陆；还可在大气层内飞行，此时飞行马赫数为5，从美国的纽约飞往东京只需两小时；也可做地球大气层外的轨道飞行，此时的飞行速度为25倍音速，仅需90分钟就能绕地球一周。除作常规的民航机外，它还可代替现有的航天飞机作轨道飞行。据估计，使用高超音速航空航天飞机可使民航机的速度提高6倍，而航天飞行器的发射费用减少90%。

1986年2月，美国总统在国情咨文讲话中，把航空航天飞机称作新的"东方快车"，要求它在20世纪末投入使用。这种航空航天飞机是航空航天技术一体化的体现，能在常规飞机跑道上起飞和着陆，自由方便地往返大气层的一种新型飞行器。其起飞重量不到第一代航天飞机总重的1/5（约500吨），而运载能力则提高两倍多（达60吨以上），这样就可大幅度降低航天运输费用。

在军事上，这种空天飞机既可作为全球高超音速运输、洲际轰炸和战略侦察，又可作为航天运载工具或太空兵器，有可能成为一般轰炸机、战斗机和导弹所"不可比拟"的攻击和防御力量。美国拟议中的空天飞机方案主要有两种：一种是拟用作跨太平洋飞行的高超音速运输机，称"东方快车"，能以5～6倍音速在3万米的高度作巡航飞行，只需两小时可从美国杜勒斯机场飞至日本东京；另一种为"跨大气层飞行器"，可作轨道飞行（飞入地球低轨道的速度为25倍音速），也可在次轨道作气动力机动，然后再回升到轨道上以轨道速度航行。

美国从1982年开始实施空天飞机这一长远的发展计划，总费用预计为

数十亿至200亿美元,由美国国防部和国家航空航天局联合进行技术研究。为了解决在大气层中持续高超音速飞行的问题,1985年以前在氢燃料的空气涡轮冲压发动机和超音速燃烧冲压发动机技术研究方面,已有所突破。从1986年至1988年,集中进行这类发动机的方案论证工作,并加速发展机体设计、动力装置等关键技术,在1988年后着手研制一架试验样机,于1992年至1995年期间进行飞行试验。它既是一种反应快、费用较低的跨大气层飞行的运输机,也是一种装备有计算机和先进探测设备的侦察飞行器,还可能是一种廉价、灵活并可重复使用的太空发射平台。

空天飞机与航天飞机一样,同样也是有缺点的。虽然现在设想中的空天飞机似乎完美无缺,但是结果与航天飞机还是一样缺点多多。现在,空天飞机有以下的缺点:研发门槛高;研制周期较长;成本及造价高;研制风险大;技术难度高。因此,空天飞机不适合刚起步的航天国家研发。